孫南源——著　曾晏詩——譯

YG
就是不一樣

本能挑戰、遊戲創造、大膽瘋狂

YG

前言

　　韓國三大經紀公司？這樣的頭銜已不再適合YG娛樂經紀了。原本以打造歌手、演員和模特兒及經營娛樂事業為主軸的YG，已將觸角伸往時尚、化妝品等各種領域，成為複合型的娛樂經紀集團。2000年代中旬我開始正式採訪YG，現在的營業規模和公司勢力簡直與當年不可同日而語，或許拿隔壁柑仔店一躍成為知名百貨公司或大型Outlet來比喻反而更貼切。

　　或許是記者當久了的直覺，第一次用電話採訪YG梁玄錫社長時就有一種感覺。當時我並未見過他，對他的認識也僅止於「他是『徐太志和小孩們』出身的明星CEO」罷了。到現在我仍記得一清二楚，他努力地說了好一陣子關於歌謠界的現況和大眾音樂的潮流，聲音裡充滿了熱忱。那時正是BIGBANG剛坐穩天團的地位，YG正揮汗打造、準備推出現在的人氣女團2NE1的時候。

　　令我感到新鮮的是他身為經紀公司代表，卻不分晝夜地親自宣傳自家歌手。當我不惑之年才從電影部門轉入娛樂部門，因此深切感受到對歌謠界採訪的道行不足，於是當時與梁代表頻繁地通話和簡訊交流，可說是上天為我開的一扇門。但應付認真工作的採訪對象，對我來說無疑是件苦差事。雖然我感謝採訪對象提供好的新聞素材，而採訪對象也會感謝我們的報導努力地為自己宣傳，但追著夜以繼日工作的梁代表採訪

並撰寫新聞稿真的不簡單。他會一篇篇地閱讀YG的各種報導資料，並經常在凌晨傳簡訊過來，讓我不時對他既能長時間工作，和把長篇資料打在手機上的怪力（？）感到驚嘆不已。

我們第一次見面是在2006年冬天，場所是首爾弘大前的路邊小吃攤。梁代表選的料理是他自己最喜歡的菜——蠶蛹湯。而我也喜歡這道下酒菜，於是我們便續點了好幾次，也乾了好幾瓶燒酒。到了已經醉了該回家的時間，正準備道別時，梁代表說的話卻讓我印象深刻。他說他要去工作。「雖然我個性怕生，不太和人見面（因為總是過著日夜顛倒的生活），但要是晚上和誰喝了酒，對我來說就像大白天喝酒一樣，晚上工作特別辛苦。」因此，往後十多年，考慮到他的作息，比起面對面採訪，用電話採訪的時候更多。

現在大家都對YG抱持高度的關注，因此有出版社向我邀稿，寫一本關於YG成功祕訣的書，但這讓我非常猶豫。因為「我了解YG什麼？又了解了多少？」的恐懼先冒了出來。即使如此，我仍抱著「就當作是這十年採訪YG的總報告吧」的野心，寫了這份拙劣的原稿。在此感謝將這份原稿精采呈現於一本書中的Influential文太鎮代表和金慧蓮次長；並藉這個機會，我也要感謝李慧琳次長的允許，讓我得以將Teddy和李在旭刊載於OSEN的訪問收錄於書中；還有感謝我的妻子和雙胞胎修悟、志悟總是包容、珍惜不完美的我！有些話說不出口，只好在此以文表達：「我愛你們！」

2015 年 3 月春
孫南源

CONTENTS
目錄

003　前言
008　Prologue：YG，從演藝圈的柑仔店到世界一流的娛樂企業

YG Story 01
YG，狼狽卻充滿野心的第一步

012　一人事業——菜鳥製作人梁玄錫
016　與哥哥聯手——弟弟梁民錫
020　狼狽卻充滿野心的第一步
024　YG 的引擎——Jinusean
030　跌倒，沒什麼好怕的

034　YG Family Interview 01：熱情澎湃的行動主義者——Sean

YG Story 02
用逆向思考翻盤

046　在 YG 內呼吸的嘻哈——1TYM
049　徐太志的回歸
053　換個方式思考——改變局勢
058　賭上勝負時，絕不退縮
061　猛烈而偉大的爆炸——BIGBANG
070　美麗的才能與熱情兼備——2NE1

076　YG Family Interview 02：全世界都認可的「叛逆」自信——G-Dragon

YG Story 03
選擇、專注、同中求異

086　彼此尊重、照顧
092　將誤會降到最低
096　選擇、專注、同中求異
102　答案始終來自於大眾
105　看得遠，投得大
113　絕不戀棧眼中看到的數字

118　YG Family Interview 03：挑戰零極限的歌手——CL

YG Story 04

朝更遼闊的世界疾走

130 向世界翱翔——第一位從外界簽下的歌手 Psy

139 打倒痛苦，享受自由——EPIK HIGH

144 新的挑戰——KPOP Star 李遐怡

152 另一個勝利的夢想——WINNER

161 和歌迷們一起老

168 YG Family Interview 04：YG 創造本能的中樞——Teddy

YG Story 05

我們是 YG Family

178 YG 的 Family 精神

183 同住一個屋簷下的 Family

189 我們到公司吃飯

193 需要時，我們彼此扶持

199 我們一起走得更遠、更久

204 不只是賺錢，更期許成為文化

207 藝人的幸福就是公司的幸福

212 YG 裡有好幾十位梁君

216 YG Family Interview 04：為舞蹈和表演瘋狂的男子——李在旭

224 Epilogue：打破傳統成功的方程式——YG 的挑戰本能

Prologue
YG，從演藝圈的柑仔店到
世界一流的娛樂企業

　　「梁玄錫」和「YG娛樂經紀」（以下簡稱YG）是每個夢想進入演藝圈的人都嚮往的名字。和老字號SM娛樂經紀（以下簡稱SM）的競爭，形成韓國娛樂經紀界的兩大龍頭。YG以市價總額七千零六億元[①]（以2015年2月2日收盤價為基準），在一千零六十三個上市公司中晉升至第三十名，在2012年9月底，YG旗下歌手Psy空前絕後的暢銷曲〈江南Style〉席捲全球音樂市場時，市價總額盤中一度超過一兆元。考慮到YG比SM晚了十一年上市這件事，YG的股價上升速度實在驚人（SM的市價總額為七千四百三十三億，第二十六名，以2015年2月2日收盤價為基準）。YG自創業以來便不斷成長，若考慮到韓國貧瘠的娛樂經紀生態，它的成功可說是個特例。

　　這點不僅是演藝志願生[②]，也是所有人關注YG成功的理由。而YG又是如何造就它的成功神話呢？

　　1996年踏出第一步的YG也跟許多企業一樣，都是從柑仔店般的小規模開始。創業者梁玄錫有的也只是對嘻哈的熱忱和音樂天賦。而他正是當代被稱為文化標誌、偶像界先驅「徐太志和小孩們」的主要成員之一。團體解散後他憑著鬥志開創自己的經紀公司，卻慘遭滑鐵盧，走到了絕境。雖然他為了做出最好的作品而跳入歌謠界的生存戰中，但現實

---

① 本書提到之金額皆以韓元計。
② 以進入演藝圈為志願的年輕人。

的殘酷卻給了他椎心刺骨般的教訓，讓他瞬間蕩盡鉅額的財產，背負了一身的債。

在這危機的時刻，梁玄錫並沒有尋找脫困的途徑，而是選擇賭上一切、正面決鬥。而在這人生最危急的時候，他伸手求助的合夥人、諮詢者正是弟弟梁民錫。當他們在別人的辦公室角落成立自己的公司，從那一刻起，這對兄弟就成了最佳拍檔，沒日沒夜地工作，並成就了「YG神話」這個奇蹟。簡單來說，YG的成功並非建立在「徐太志和小孩們」所帶來的富裕和名聲，而是梁玄錫在第一次挑戰創業卻慘敗的經驗下，努力奮鬥的結果。

過去十幾年YG所締造的成果可以直接或間接反映在其徵才競爭中。要成為YG旗下的藝人，比登天還難。大家都知道，就算沒有白紙黑字允諾出道的時間，為了成為YG旗下的練習生，全世界一而再、再而三參加甄選的志願生比比皆是。加入YG的一分子，競爭率不僅出現在此。YG在選新員工時，其競爭率之激烈也並不亞於世界一流的企業。在YG工作，不僅滿是首爾大學出身，還有美國常春藤名校出身的人才。只要跨過激烈的競爭成為YG的一員，他們便稱彼此為「家人」。

YG是挑戰本能和創意蠢蠢欲動的遊樂場，對YG來說，挑戰是本能，創造是遊戲，而且還要能大膽地推進。從YG社長梁玄錫起，大家都不怕跌倒，拒絕墨守成規的成功框架。他們總是關注最新、更好、流行的東西，並朝這些事物邁進。YG也是一路如此成長，而這段過程中，YG Family也帶著自由的感性，發揮各自獨有的個性，不斷發展下去。我想這也是YG之所以讓人覺得「不一樣」的地方。那麼，現在就一起走入YG成長的故事裡吧！

YG Story
01

YG，狼狽卻
充滿野心的第一步

一人事業──
菜鳥製作人梁玄錫

要引起大眾巨大的共鳴,就得採用已經發展起來的新方式,而不是按別人的方式。

　　說到YG最常想到的就是梁玄錫。當然,因為YG這個公司的名稱是從梁玄錫的綽號「梁君」而來。若是聽過「徐太志和小孩們」的專輯,應該也曾聽過徐太志叫他「梁君」。由此可知,梁玄錫是YG的開始也是一切。但是要達到現在的YG,過程並非一切順遂。從Jinusean到WINNER,雖然看似一路事業蒸蒸日上,但有多少人還記得,其實梁玄錫也有過慘痛的苦難期。

　　1996年1月,9點新聞破例播報娛樂新聞,而且還是當時享有最高人氣、成就現今歌謠界系統的「徐太志和小孩們」隱退的消息。當時穩重且嚴肅的晚間9點新聞居然會播報藝人隱退的消息?!也夠驚人的了。從這件事也能看出當時「徐太志和小孩們」的影響力。而「徐太志和小孩們」團體解散後,梁玄錫和許多人想得不同,走上「製作人」之路而非「歌手」一途。

「認識徐太志，讓我學到很多關於音樂商業的部分。即使『徐太志和小孩們』的風格完全不符當時的歌謠界系統，但我們的組合卻創造了視聽界全新的模型。這種成功方式，就是當時身為徐太志最好的朋友，待在他的身邊耳濡目染所學到的。要引起大眾巨大的共鳴，就得採用已經發展起來的新方式，而不是按別人的方式，而我累積了四、五年的技巧，也讓我覺得很有成就感。雖然『徐太志和小孩們』不過才走跳了四年，但我認識徐太志的時間卻有六年之久，也因此了解了許多本來我不知道的音樂世界。」

　　不只是音樂。「徐太志和小孩們」時期，梁玄錫參與編舞和時尚等各種企劃，同時也累積了當一個製作人和經紀人的經驗。身為打造「徐太志和小孩們」的概念和形象、維持團隊合作等的幕後幫手，梁玄錫可說是立了大功。「徐太志和小孩們」的活動對梁玄錫來說，不只是單純的歌手活動，而是打開了新的世界。他會走上製作人之路，或許在當時看來也是理所當然。

　　「當我們決定結束『徐太志和小孩們』的活動之後，我便希望能走製作人這條路。我在其他領域可以說是門外漢，但人家說耳濡目染，我看到、學到的、最擅長的領域就是這部分，所以我才會有栽培後輩的想法。開始跳舞後，我才開始認識演藝圈和影視圈的人士，培養出很深的音樂造詣。我深信自己一定能好好帶領後輩，所以便下定決心走上製作人這條路。」

　　於是梁玄錫成立了「賢經紀」。聽說在當時，賢經紀是所有對跳舞有興趣的人都想去的地方。梁玄錫更聚集了有才華的後輩，打造了一組名為「Keep Six」的嘻哈團體，並讓他們於1996年5月以一首〈原諒我〉出道。實際上這組團體由三個人所組成，和團名不同，意思是指一

當決定結束「徐太志和小孩們」的活動之後，我便希望能走製作人這條路。我在其他領域可以說是門外漢，但人家說耳濡目染，我看到、學到的、最擅長的領域就是這部分，所以我才會有栽培後輩的想法。

個人輕易就能做到兩個人能做的事，所以才如此命名。

　　「再怎麼說跳舞也跳了段時間，其中的兩名成員是跳舞時認識的後輩；另一位則是從加拿大來的僑胞，當時R&B才剛進來韓國沒多久，都還沒成氣候，也因為他懂那樣的唱法，讓我興起了試試黑人音樂的念頭。在這個前提下，我花了很長一段時間準備專輯。」

　　但是當時梁玄錫將所有賺到的錢都投入製作，雖然準備期很長，卻遺憾地沒能反映在Keep Six的出道成績上。一開始雖打著「梁玄錫打造的團體」而備受矚目，但大眾的關注卻漸漸失焦。而曾經紅極一時的梁玄錫的製作人第一戰以慘敗告終，嘗到失敗滋味的梁玄錫因此失去了名譽、金錢和大眾的信賴。

　　反觀曾一起於「徐太志和小孩們」團體中活動的李朱諾（Juno），也在差不多的時間點變身成為製作人，組成了混聲團體「Young Turks Club」，出道曲為〈情〉，而且一炮而紅。諷刺的是，梁玄錫一開始聽了Young Turks Club的歌便建議李朱諾：「這首好像不行。還不如跟申哲③哥邀首好歌。」之後Young Turks Club便收到了〈情〉這首歌。而不知內情的人只是忙著八卦兩人悲喜交加的現況。

　　「我有個在『徐太志和小孩們』時期所養成的習慣，就是賭上自己的名譽去做某件事。總覺得應該再更有音樂性一點，便陷入了R&B裡。其實現在回想起來，當時做的音樂很難，之後也有人跳出來評論（推出的時機點）太快了。雖然我發展得不好，但當時朱諾的成功，我是真心向身邊的人表達對他的恭喜。」

　　但總的來看，此時的失敗卻是建立現在的YG的基石。之後梁玄錫收起「一人事業」，找來值得信賴的合夥人更加穩固地經營公司。他開始重視與大眾的共鳴，而非一味地想展現自己的音樂喜好。

---

③ 為韓國混聲團體「哲與美愛」的成員之一，於 1992 年出道。申哲亦為韓國知名 DJ 之一。

與哥哥聯手——
弟弟梁民錫

> 我苦惱了三天最後還是答應了，所以只有三個人的經紀公司就此起步。玄錫和我，還有從「徐太志和小孩們」起就負責照顧玄錫的經紀人，就這三個人而已。

　　要看YG的創業與成功，當然少不了這位和梁玄錫社長一樣功不可沒的梁民錫代表。但是梁民錫的角色和貢獻幾乎不為人知。身為製作人兼社長的哥哥梁玄錫以YG的門面打頭陣，而自己則是站在哥哥的背後，給予物質與精神兩面的支持，屬於在陰影處工作的類型。如果沒有這兩兄弟完美的合作，或許就沒有今日的YG。即使YG已經成長為世界級的娛樂經紀企業，梁民錫仍鮮少在外拋頭露面，只專注於公司的經營管理。雖然他從YG萌芽到現在都扮演著極為重要的角色，但他並非一開始就夢想踏入娛樂經紀界。

　　1996年冬天，當時的梁民錫已計畫要出國進修語言，離出發的日子已近，甚至連行李都準備好了，但梁玄錫卻到房間來找他並問：

　　「你真的要去美國嗎？」

「當然要去啊。」

「你不能不去嗎？不能和我一起嗎？」

「我能幹嘛？」

「只是希望有你在一起⋯⋯」

梁民錫當場就拒絕了。他表達了自己的心聲：「哥做的事我一點興趣也沒有，感覺不是我能做的事，所以我還是會按計畫離開。」其實當時他已經察覺到哥哥陷入了困境。1996年1月，梁玄錫所屬當時最頂尖的人氣團體「徐太志和小孩們」解散了，且同年5月他變身製作人推出了Keep Six，但Keep Six頂著「梁玄錫栽培的團體」的光環，卻不符大眾胃口，成績可說是一團糟，最後導致梁玄錫陷入危機。

「那年冬天的某一天，不知道是誰一大早來按家裡的門鈴。結果是當時一家很大的唱片公司常務還是專務找上門來，說要求償預付款，在演藝圈被稱作前金④，所以才會凌晨闖到家裡來。那時我才真的確信哥遇到了危機。」

即使如此，梁民錫當下不得不拒絕梁玄錫的原因是，語言研修是自己得以擺脫哥哥的陰影、尋找自我的一個突破口。

「我的學號是92，『徐太志和小孩們』那年，也就是他們出道的1992年。當時很多情況讓我感到非常混亂。我們住在仁寺洞十二坪大的小房子，當時父母靠經營電器行養家餬口，所以家裡並不是那麼富裕。但不知從何開始，我們生活的小社區突然開始湧入無數的少女歌迷，弄得一片吵鬧。」

當時才剛上大學的梁民錫並不喜歡這種狀況，總覺得身體上、精神上都很混亂。

「感覺沒了自我。梁民錫這個人毫無存在感，從某一刻起，我成了

---

④ 來自日文的「前金」。

經營管理是我一開始就全權負責的部分。哥哥之所以在
Keep Six 時失敗的原因之一，就是完全沒人了解公司內部該
如何打理，而我就是從這點開始檢討的。

『梁玄錫的弟弟』。當時我二十歲，一夜之間哥哥成了大明星，我一點也不覺得興奮，只覺得周遭的狀況讓我難以應付。『聽說你哥是〔徐太志和小孩們〕喔？』『聽說他是梁玄錫的弟弟欸。』這些無言的眼神讓我備感壓力，好像我又進入了第二個青春期一樣。因為從小到大我對演藝圈從來不感興趣，對『徐太志和小孩們』的動態或音樂也沒感覺。」

梁民錫拒絕哥哥的請求後，心裡也不好過，甚至覺得父母無語的眼神彷彿在責備自己「你哥都那樣拜託你了居然還拒絕，這無情的傢伙」。當時梁玄錫因為Keep Six的失敗，真心希望留在身邊的人是能夠幫助自己的人。

「照哥哥所說的意思就是，只要我待在他的身邊就好。我苦惱了三天最後還是答應了，所以只有三個人的經紀公司就此起步。我們兄弟，和從『徐太志和小孩們』起就負責照顧玄錫的經紀人，就這三個人而已。我們連找個辦公室和錄音室的資金都沒有，是玄錫熟識的一位經紀公司社長將他六十坪大的地下辦公室一隅，約莫八坪的小空間借給了我們。於是我們搬進租來的辦公室，開始了寄生的生活。」

可是為什麼梁玄錫會拜託梁民錫留在自己的身邊呢？

「經營管理是我一開始就全權負責的部分。哥哥之所以在Keep Six時失敗的原因之一，就是完全沒人了解公司內部該如何打理，而我就是從這點開始檢討。所以我在想，或許他就是指定我做打理經營和財務這方面的人選吧。總之，在我看來是如此。」

狼狽卻充滿野心的
第一步

雖然公司的未來仍不明確，但他們正
按部就班地準備，朝著未來一步步地
邁進。

哥哥梁玄錫和弟弟梁民錫就這樣同心協力，從小小的地下辦公室重
新出發。當時正是擺脫過去的失敗，重新開始的時候，公司需要取一個
新的名字，總不能沿用「賢經紀」這個名字。於是三個人開始坐下來尋
找像樣的名字，但卻一直想不到適合的名字。最後，梁玄錫開口了。

「用MF怎麼樣？不覺得很帥氣嗎？」

於是新經紀公司就成了「MF經紀」。可是為什麼偏偏是MF經紀
呢？這背後是有故事的。根據梁民錫的說法是：

「我們並非一開始就決定公司的名字叫YG，因為當時玄錫說要用
MF當公司的名字，我問他為什麼，他說Sean所設計的服飾品牌就叫做
MF。我才明白難怪他會問我們用這個名字如何，是不是很帥。於是我
們就決定取名為MF經紀。」

當時梁玄錫在準備Keep Six的同時，也準備了另一組男子嘻哈雙

人組，就是「Jinusean」。而其中一名成員Sean正在經營MF這個服飾品牌。「MF」是由「Major Flavor」這個英語單字「大眾取向」的意思而來，用黑人特有的發音來唸就是「Majah Flavah」，取頭字「M」和「F」所組成，是當時嘻哈時尚還算陌生時的主要服飾品牌。90年代中期以後年輕的大學生們開始流行到國外自助旅行和語言研修等，因此接觸了美國的黑人文化或嘻哈歌手的時尚，MF便以這些人為中心打出口碑，在當時非常流行。於是YG便取了MF這個名字，並在1997年2月於麻浦稅務所申請營業登記，這就是YG的開始。

雖然包含代表梁玄錫在內，這個企業不過也才三個員工，但他們卻各自打下了公司營運的基礎。包含製作在內的外部事務由哥哥梁玄錫負責，而包含管理財務和所有內部事務就由弟弟梁民錫負責。不過，即便是個剛起步的小型經紀公司內部事務，對主修經營學才剛大學畢業的二十五、六歲的梁民錫來說，卻是個沉重的負擔。

「連我對公司經營都沒概念了，應該說我們都不懂才對。說真的，一個才剛大學畢業，正準備要去語言研修的年輕人懂什麼呢？在那之前我連半點社會經驗都沒有，現在回想起來，當時根本沒做好準備。更扯的是，當初玄錫來找我一起成立公司的時候，我問他我能做什麼？他只拜託我待在他身邊就好。就在我一番苦思後決心幫助他的事業，但當務之急是什麼呢？先撇開公司經營不說，我們連馬上要用的資金都沒有。」

梁民錫帶著從小地方開始一點一點學習的心態，小心翼翼地照料公司。當時梁玄錫、梁民錫的父母收起電器行開了佛教用品店，而店裡賣的僧服材質做的手提包就是公司的金庫兼錢包。那是媽媽送的禮物。梁民錫把要管的錢，甚至銅板也放進那個錢包裡。

「不過多虧以前在大學主修經營，便應用會計的基本常識，從搞清楚借方⑤、貸方⑥開始。有一天下班對帳的時候，發現餘額少了三百元，那時候我根本沒想那麼多、就把口袋裡的三百元銅板放進了錢包裡。到現在我還是對那段生活印象深刻。當時我的名片上印的是經理科長，『經理』這個字我翻了字典，是『經營管理』的縮寫，名片做好了我就想，從現在起我要做的事就是這個公司的經營管理，從現在起我就負責經營管理和支援。只是錢沒賺進來，支出卻不斷增加，該如何擔起這份責任呢？這才是我面臨的最難課題。」

梁民錫正式接手經營管理後，他先掌握了公司到底負債多少，現金資產又有多少，並開始打理公司。但是在大學學到的知識和一般企業的經營管理可說是天差地遠。每天必須面對合約書、稅金、附加價值稅、勞工所得扣繳憑單等似懂非懂、生疏的單字。在一無所知的狀況下，他明白沒有人能教他，於是便跑到光化門的一間書店，抱回了一堆相關書籍開始念書。

「當然就開始自學嘍。先從簡單的書籍念起，要是遇到不懂的地方，就跑到公司的稅務會計師辦公室去，有任何想問的就問，經常用這種方式學到東西。當時我把公司的發票都收集起來，一個月一次地整理成Excel表格，又按照日期把發票貼在空白的筆記本上，等到去稅務會計師辦公室時，再請求個人輔導。而當時那位負責我們公司的稅務會計師辦公室女職員，就是現在在我旁邊的辦公室、做了十五年YG經營支援本部的理事。」

就這樣梁民錫一點一點親身面對，傾注全身的力氣在公司的經營管理上。此後，在打理公司的過程中若需要專業知識，就會機警地聘請相關專家或顧問等。也多虧如此，梁玄錫才能專注在製作上，而當時梁玄

錫會拜託弟弟一定要待在自己身邊也是有理由的。由哥哥負責製作，弟弟負責經營管理的MF經紀，開始漸漸地具備經紀公司應有的條件。雖然公司的未來仍不明確，但他們正按部就班地準備，朝著未來一步步地邁進。

---

⑤ 簿記中帳目的左邊，填入資產的增加、負債，還有資本的減少或發生損失這類項目的部分。
⑥ 在複式簿記的分錄法中，屬帳簿上帳目的右邊部分，用來填入資產的減少、負債或資本的增加、產生利益等項目。

YG 的引擎——
Jinusean

他們的第一張專輯質感之高，讓人不
敢相信這是新人雙人組的專輯。

　　1997年，大概年過三十的人都永生難忘。年末第十五屆總統大選前夕，正當全國的選舉熱氣蒸騰之際，一則「亞洲金融風暴」的國際短訊開始登上報紙頁面，並很快地占滿報紙的版面，內容也移到了經濟新聞，不久占滿各大報的頭條。該年晚秋，韓國為了避免國家破產，建國以來第一次向國際貨幣基金組織（IMF）申請緊急國際金援，又名「IMF危機」。

　　1997年也是YG想忘也忘不了的一年，當然，對YG來說，是「不同的」難忘。

　　對好不容易克服了Keep Six的失敗後遺症，重新穩住陣腳，以MF經紀再出發的他們來說，慶幸的是除了「債」和「三位員工」，還有一個要爬過的坡，就是「Jinusean」。

　　「開始製作的新人，也就是今天YG的起點，Jinusean。因為沒有

其他取得製作費的方法，於是就收了預付款。幸好玄錫已經先抓好了Jinusean的框架。Sean以前曾以『徐太志和小孩們』的舞群活動過，以前也曾和我們一起生活。就連一直對演藝圈和哥哥的活動毫無興趣的我，也知道Sean很善良。當時Sean和Jinu連MV都拍好了，而我們僅有的資產，就是Jinusean的MV和已經混音過的母帶，還有三個員工。這就是我們的一切了。」

Keep Six失敗後，債務讓梁玄錫幾乎一無所有。在開始製作Jinusean時，因為起步難，於是收了預付款。順帶一提，所謂的預付款就是提前收取的專輯貨款。當時業界的習慣是經紀公司挖掘了新的歌手或團體準備讓他們出道，於是唱片公司會先支援製作和發行所需要的資金，這筆資金的特性並非分擔風險的投資金，而是唱片公司日後要支付給經紀公司的專輯貨款，而預付金的概念就是提早收取這筆款項。也就是唱片公司先預付了經紀公司一億來購買專輯，當專輯的銷量未達一億，就換經紀公司必須支付中間的差額了。如果付不出來，就是負債。業界用語「前金」，是日語的前（まえ）「先、預先」和金（きん）「錢」的合成語。

到現在對專輯製作還是天下第一龜毛的梁玄錫，在當時已把那筆預付款全投在製作Jinusean的MV和母帶上了。這是在梁民錫加入之前所發生的事。事後知道了的梁民錫內心焦急，但是他擔心的是兄弟一起投入的這個提議會不會為家裡帶來危機。但梁玄錫卻與弟弟的心境大不同，他非常地有自信。

「我不會百分之百投入一個東西，準備好替代方案是我的習慣。在做Keep Six的時候，我已經在製作Jinusean了。Jinusean是在美國甄選時所選出來的，只是我和DEUX⑦的李賢道一起製作時，Keep Six先出道

---

⑦ 韓國男子嘻哈團體，於 1992 年開始活動，團員為李賢道和金成宰，並於 1995 年解散。李賢道現為韓國知名的音樂製作人。

罷了。奇怪的是，當時我對Jinusean比對Keep Six還要更有信心。負責經營的民錫可能會認為，先不管Keep Six的結果，若Jinusean又失敗的話，會讓我們全家雞飛狗跳。因為那時候不管從哪方面來看，所有的錢都已經賠光了。」

由負責主唱和Rap的Jinu以及負責Rap和編舞的Sean所組成的雙人組Jinusean雖然在1997年出道，但在當時已是圈內有名的實力派。Jinu曾在1994年以本名「金振宇」（Kim Jin Woo）發行過個人專輯並在圈內活動，Sean則是「玄振英和Wawa」、「徐太志和小孩們」等當代最傑出歌手們的舞群，在當時是個有名的舞者。重要的是，他們並非像一般經紀公司旗下的歌手，單純透過試鏡（audition）或現場挖掘，在短期間內準備專輯並宣傳，而是當梁玄錫遭遇事業困難、憤恨不平時，默默守在他身旁為他打氣、如家人般的存在。

Jinusean的兩位成員都曾為當代最棒的歌手伴舞和跨刀合作，累積了不少實力，就實力來說絕對無可挑剔。加上製作人梁玄錫歷經Keep Six的失敗，製作內功更上一層樓，做出和主流音樂明顯不同，但卻能夠馬上吸引聽眾、富有魅力的一張專輯。他們的第一張專輯質感之高，讓人不敢相信這是新人雙人組的專輯。不只是成員Jinu和Sean，在兩位成員和梁玄錫的音樂野心、華麗且兼具實力的跨刀陣容加持下，專輯的完成度之高讓人自豪。尤其當時被譽為最厲害的製作人李賢道加入製作，讓Jinusean從一開始就是個話題。

1997年3月1日，Jinusean的正規一輯開賣，主打歌是梁玄錫作詞·作曲·編曲的〈Gasoline〉。兩人將墨鏡、護目鏡往頭上梳，穿著上下飄蕩的大件運動服、T恤和嘻哈褲，唱著開頭多少有點沉重陰鬱的Rap，不管怎麼看都讓人覺得陌生。但是比起陰沉的前奏，愛意濃厚且開朗的

副歌又是個反轉。而且參與製作的李賢道還演出了MV，為這首歌再添一臂之力。不知道是不是因為這些魅力，讓歌如其名，像添加了汽油般火力旺盛。

當時被稱為「Gil⁸ Board」（路邊攤和Bill Board的合成語）的卡帶攤販推車不斷播放〈Gasoline〉；電視搞笑節目上，當諧星以流氓的角色出場時，也經常伴隨〈Gasoline〉前奏出現的貝斯音。歌謠排行節目就更不用說了，名次總是保持在上游圈。

如梁玄錫所堅信，Jinusean和〈Gasoline〉成功了。現在Jinusean也被譽為韓國歌謠界的第一代嘻哈。那麼Jinusean成功的祕訣究竟為何呢？梁玄錫說：

「當時有名的歌手有曹誠模、金健模等人，抒情歌手是主流，但我並不是討厭那類型的音樂，而是我沒有那些音樂的專業知識和理解。但是當我認識Jinusean和李賢道，我才找到我的真面目、我喜歡的音樂。」

把重點擺在自己喜歡的音樂類型，並嘗試和大眾交流的這點成功了，這也是梁玄錫帶領音樂人並經營演藝經紀公司的深意。

Jinusean以〈Gasoline〉這首歌成名之後，又推出了新鮮的第二主打。正是由性感和甜美兼具，能演能唱的韓國瑪丹娜嚴正化跨刀合作的〈告訴我〉。這首歌輕快地表現出男女關係之間冷熱交錯的互動，且切合演唱歌手的魅力，讓這首歌創下佳績。在年末電視節目上，也可以看到不少藝人打扮成Jinusean和嚴正化表演〈告訴我〉。這首歌不論在當時或現在，還是很常在KTV聽到的歌曲之一，算是Jinusean的代表曲。

那年Jinusean在〈Gasoline〉和〈告訴我〉的加持下，獲得了「MBC十大歌手獎」「SBS年度歌手獎」「KBS年度歌手獎」等三家無

---

⑧ 取韓語「길」的發音「Gil」。

線電視台的歌手獎，除此之外還有「1997年首爾歌謠祭年度歌手獎」「首爾歌謠大賞十大歌手獎」「韓國影像專輯大賞新人獎」等，當年出道的歌手能拿的獎他們全都拿下了，非常意氣風發。也因此，梁玄錫和MF經紀才能拋開曾經椎心刺骨的失敗記憶，急速成為名副其實韓國演藝界的可怕「小孩」。

如梁玄錫所堅信，Jinusean 和〈Gasoline〉成功了。現在
Jinusean 也被譽為韓國歌謠界的第一代嘻哈。其成功的祕訣
究竟為何呢？把重點擺在自己喜歡的音樂類型，並嘗試和大
眾交流的這點成功了。這也是梁玄錫帶領音樂人並經營演藝
經紀公司的深意。

跌倒，
沒什麼好怕的

有很多人因為一次的失敗而裹足不前，失去了自我，失去了熱情，失去了挑戰的意志。但梁玄錫不一樣，反而更加燃燒自己所擁有的熱情。

　　想到現在的梁玄錫，大家最先想到的兩個印象應該是「徐太志和小孩們的成員」和YG這個巨大娛樂企業的「社長」，或許大家會認為他是「從未失敗過的幸運兒」、「沒遭遇過困難的企業家」也說不定。但，他也曾經失敗過。

　　梁玄錫第一次轉型為製作人的時候，他投注了一切，只為了提高內容的品質，梭哈一切來製作最好的作品。但他並未得到回饋，隨之而來的是大眾的冷感和見底的存摺。

　　「其實當時我並沒有多少財產。用『徐太志和小孩們』賺的錢買了和父母一起住的房子，現在還在延禧洞。除此之外，手上真的沒什麼錢。雖然為了做出好音樂散盡家產，但真的一瞬間全都沒了。」

　　但梁玄錫並不認為當時的失敗是一場「危機」。

「我到現在還是覺得Keep Six的專輯很好，只是不被大眾接受而已。所以我從來不為失敗感到難過，更不覺得那時是我人生的大危機。緊接著我耗時一年製作Jinusean，也獲得了空前的成功。所以要我選出最困難的時期，我覺得我開不了口說是『Keep Six不成功的時候』這個答案。」

梁玄錫冷靜分析自己的失敗。

「我覺得太以我自己的標準來製作專輯了，因為沒什麼經驗。其實活在這個世界上，做任何事最重要的就是經驗，但當時的我製作的經驗少，一味地只想以我自己的口味來提高完成度，卻沒有多花心思在與大眾妥協這件事上，不知道大眾要的是什麼。」

因此，梁玄錫並未被一次的失敗給打倒，也不知道還有沒有機會再次投下一切來挑戰，但第二次的挑戰獲得了漂亮的成功，這大概是只有挑戰者才能享受的成果吧。

「我這麼說像是在炫耀，現在回想起來，就算是打擊率很高的打者，也不可能每次都揮出全壘打或安打。而唯一發展不好的團體是Keep Six和我老婆以前所屬的團體Swi. T。但我想，幸好都發生在草創期，所以才能讓我走上正軌。」

然而梁玄錫認為現在YG的出發點是第二次挑戰的成功時期，也就是從Jinusean開始。

「Keep Six只是為了測試市場，嘗試以非主流的方式來進行，而我真正要挑戰主流市場的是Jinusean。雖然開始是始於Keep Six，但現在的YG的出發點，我認為是Jinusean。」

但是弟弟梁民錫的想法卻不同。

「YG內部也有些意見紛歧，但我比較主張YG真正的出發點是Keep

Six。YG的前身準確地來說的確是1997年的MF經紀沒錯，雖然之前的賢經紀隨著Keep Six的失敗畫下了句點，但我覺得是賢經紀為現在發展如此成功的公司鋪路。因為原本事業如日中天的玄錫開始了『一人事業』且一出發就慘遭滑鐵盧，這都是成就今日YG的基礎。看到『徐太志和小孩們』的老搭檔李朱諾大成功，自己卻失敗了，這成為了玄錫全心全意經營經紀公司的契機。他從小的個性就是不認輸，所以才能發揮超人般的力量。而這也是我認為賢經紀是YG根基的根據。」

兩兄弟對於YG的出發點想法一不一致並不重要，值得注意的是兄弟倆都認為，第一次挑戰的失敗帶來了更好的成果。有句話說勝敗乃兵家常事，但是有很多人因為一次的失敗而裹足不前，失去了自我，失去了熱情，失去了挑戰的意志。但梁玄錫不一樣，反而更加燃燒自己所擁有的熱情。梁民錫看著這樣的哥哥，在他背後給予物質和精神上的支持，讓他能無礙地製作專輯，也造就了今日的YG。

MF經紀讓Jinusean成功後，在翌年1998年2月將公司轉為法人，並更名為（株）梁君經紀。此後又變更了一次公司的名稱為（株）梁君娛樂經紀公司，一直到2001年5月公司名稱才最終變更為（株）YG娛樂經紀公司。

但Jinusean的成功並非讓公司的情況馬上好轉、眼前盡是康莊大道，公司的財務狀況仍未好轉，這讓梁民錫感到非常驚訝。Jinusean這麼成功，為什麼錢還是沒進來？他事後才知道，一切都是因為預付款。

「當Jinusean成功後開始到處表演，我的功課是『錢什麼時候進來？』『錢怎麼還不進來？』當時我花了好長一段時間才開竅，原來是因為我們還有預付款的債。即使在Keep Six失敗的同時，幾乎把債都抵光了，但是在開始製作Jinusean的時候還是很辛苦，拿到新的預付款

之後，早就把錢投在製作費上，而當時迫在眉睫的事，就是償還製作Jinusean時所欠下的債。」

不只是預付款，當時付款的方式也讓公司的財務搖搖欲墜。

「當時專輯收入或演出費用等都是給三個月或六個月的匯票，而我開始處理這些東西也是在97年之後才開始，比起電視或活動的通告費，當時公司經營上最大的支柱就是服飾品牌MF的服裝贊助（PPL）。」

還好公司每個月的固定支出不多，梁民錫盡最大的力節省經費，做個守財奴。他說，沒有的時候就要賺，賺了之後最重要的就是省。雖然當時正要開始看見未來，但情勢並不簡單，存活下來才是最重要的事。

「1990年代後半期，我的腦袋只想著無論如何都要生存下來。現在要做的無關經營，優先目標就是生存，一直到1998年這都是公司的目標。而真正能夠開始展望未來、有餘力花心思在如何更有效率地經營上，已經是過了2000年之後才開始的事。」

Interview ①

熱情澎湃的行動主義者
—— Sean

公益之王，遇見愛心天使

遠遠地可以看到一名男子穿著輕便，脖子上圍著一條汙點斑斑的毛巾，他先認出了我們，開心地朝這裡揮手。反而是我們不確定他是否就是我們今天約好要見面的「那男子」，而感到躊躇不定。但是隨著他慢慢靠近，確定那宛若商標的「愛笑的眼睛」，我們才確信他就是我們今天要見的YG Family成員Sean（本名：盧勝煥）。這天是他每年都會參加的公益活動「雪中送炭」。看他長時間努力地搬運煤炭，即使寒風颼颼的天氣，他的臉上也結滿了豆大般的汗珠。

「你們知道一塊煤炭幾公斤嗎？」

Sean用脖子上的毛巾擦了擦臉問。這道突發問題還真是打破記者訪問明星「我問你答」的基本格局，讓我們一時慌張，但因為本來就不知道一塊煤炭有多重，所以也回答不出來。Sean一臉果然你們不知道的樣子，笑呵呵地說：

「是三點五公斤。一塊五百元。可是這是到現場去買才有的價格，如果要送到家門口來，還幫忙疊的話，要另外收兩百元，所以一共是七百元。現在還在燒煤炭的家庭大多住著老爺爺、老奶奶，或是少年少女家庭⑨，七百元對他們來說已經是筆大錢了。加上他們大多住在山坡上的貧民區，送煤炭的車子根本開不進來也送不到家門前。若是把煤炭叫到大馬路來，還要一一運上山去，老闆咬牙一塊才收兩百元的運送費，但因為送貨人員不足，所以常常就拖著沒送了。這也是為什麼需要我們這些運送煤炭的義工。」

雖然Sean總是給人害羞的印象，但他卻能如此流暢地說明給我們聽。和那些單純為了宣傳，或拍拍照而短暫參加活動的人等級不同。他

---

⑨ 因為父母親傷亡、離異、棄家等緣故，家庭成員只剩未成年的小孩，或就算祖父母為監護人，但因為老弱傷殘等緣故沒有撫養能力的家庭。

繼續向我們說明。

「一個背架可以放十二塊煤炭，扣掉背架的重量也有四十二公斤。背著這個在坡路上上下下，走沒多久腳就開始發抖，全身揮汗如雨。」

光想像就讓人覺得暈眩。這天Sean和參加的義工們一共搬運了兩千一百塊煤炭，可以想像Sean一定背著煤炭的背架來回數十趟。可是卻不見他一絲疲憊，繼續說道：

「今年需要燒煤炭的窮苦人家所需的煤炭量大約是十萬塊。可是因為不景氣等等原因，今年的企業贊助減少，所以捐贈的煤炭也減少了，距離需求量還差得遠。雖然感到遺憾，但至少我還能盡一己之力。」

看著他勉勵一起參與活動的義工，幫他們簽名、和他們一起拍照，帶著笑臉不停地工作，讓我終於能夠理解為什麼他會被稱作「幸福病毒」、「愛心天使」，一直以來受到大家的愛戴。

和梁玄錫的相遇

Q 身為韓國第一代嘻哈歌手，從賢經紀就與YG一同攜手，可說是YG的見證人——究竟一開始是如何進YG的呢？

A 1993年以前我都一直住在關島，後來才回到韓國一陣子。當時我已經認識歌手玄振英，是偶然在夜店裡遇到玄錫才認識的。之後，因為想住在韓國就又回來了，當時我們又再見面就成了朋友。但真正和玄錫熟起來是因為當時「徐太志和小孩們」第二張專輯演唱會上，玄錫需要一位和他一起跳舞的黑人舞者，於是我便把朋友介紹給他。

Q 聽說你甚至曾經和梁玄錫社長住在一起？

A 啊，並不是住在同個屋簷下。我剛開始在韓國生活的時候，正煩惱在首爾沒個可以住的地方，於是玄錫便幫了我，讓我在當時「徐太志和小孩們」位於東橋洞的經紀公司辦公室裡住下。那時候嘻哈就是我的一切，不管是醒著還是睡著，滿腦子全是嘻哈，一天二十四小時都沉浸在跳舞的世界。即使日子過得很苦，但當時有練習室的辦公室就是我的安樂窩。我和玄錫剛開始認識的時候，大部分都是在夜店見面，切磋、交流彼此舞藝的時間比聊天的時候還多。

YG，還有 Jinusean 的開始

Q 梁社長當初野心勃勃準備的Keep Six失敗後，便讓剛起步的YG搖搖欲墜。萬一身為下一棒的Jinusean也失敗，就不知道今日的YG在哪裡了。那麼Jinusean又是如何開始的呢？

A 「徐太志和小孩們」宣布隱退的時候，玄錫叫我加入Jinusean。他說他覺得有個人和我組成雙人組應該不錯，於是便介紹了一個人給我，那個人就是「Jinu」（本名：金振宇）。當時Jinu已經出道並發行過一張個人專輯，雖然專輯的完成度很高，但大眾的反應就是平平。但玄錫認為Jinu有潛力，所以就問我如果和他組成雙人組如何。

Q 然後你們就馬上組團，準備專輯嗎？

A 收到這個提議的時候，我人正好在關島。一開始我當然說我會考慮。那時候Jinu的風格就是漂漂亮亮的貴公子，音樂也很成熟。相反地，我當時綁著韓國人都覺得陌生的雷鬼頭，可以說是傳統嘻哈的信徒。心裡面當然想的是：「唉唷，我怎麼跟他玩嘻哈啊？」幾天後Jinu打電話到我關島的家，我們東聊西聊，突然一個「fu」上來，我二話不說就回答：「一起幹吧！」

Q 準備第一張專輯還順利嗎？

A 還用說嗎？身為製作人的玄錫、我，還有Jinu，我們三個人對音樂和跳舞都很有野心，如果自己的意見不是第一順位就覺得難過，你覺得這樣的三個人聚在一起，還能準備得順利嗎？我們在LA Universal Studio前的Studio City找了住的地方，就開始進行作業。由一位叫做Q的高手和玄錫，還有Deux的李賢道一起擔綱製作人。那時候玄錫在「徐太志和小孩們」紅了之後，剛轉型為製作人，也剛製作了Keep Six的出道專輯，李賢道也是在Deux這組雙人嘻哈團體紅了之後才轉型為製作人，並且打造了許多暢銷曲。而Q在實力和才能方面也是不落人後的製作人，所以在準備專輯的時候，經常發生爭論。

Q 在哪一部分摩擦得最嚴重呢？

A 我想很多歌手的情況都一樣，爭論最多的就是到底要選哪一首歌當主打歌。玄錫想了很久到底要為Jinusean打造什麼樣的概念，後來他覺得應該以接近傳統嘻哈的〈Gasoline〉當主打歌；李賢道則覺得應該要選比較大眾、自己寫的〈告訴我〉當主打歌。當時包括經紀人在內，一百位聽過我們的歌的人，有九十九位都選〈告訴我〉。無論如何，當時傳統嘻哈對大眾來說還是很陌生。

Q 最後Jinusean還是以〈Gasoline〉出道，且一炮而紅。

A 結果至此，連玄錫也舉雙手贊成。可是這次換我堅持了。就算Jinusean不紅，讓我回到美國在麥當勞或漢堡王打工也沒關係，可是我希望主打歌一定要是傳統嘻哈的〈Gasoline〉。因為當時我最想做的音樂就是嘻哈，我想讓韓國的大眾聽聽什麼是真正的嘻哈音樂。

Q 當時正是偶像崛起的時機，你確信打著傳統嘻哈的Jinusean一定會成功嗎？

A 那時候比起我確定我們一定會紅，倒不如說因為能夠做嘻哈的音樂，讓我覺得很開心、很興奮吧。住在韓國的時候，在玄錫家進進出出就四年了，玄錫的母親也把我當兒子看待，我和民錫也像親兄弟一樣。先不管能不能當個成功的歌手，光是能和這樣的人一起做喜歡的音樂、跳喜歡的舞，就讓我覺得很幸福了。

YG 和 Sean

Q 有很多歌手在紅了之後便經常和經紀公司起衝突或換經紀公司，可是Sean從出道至今，好像都沒聽到什麼閒話，始終如一，祕訣是什麼？

A YG對我來說不是經紀公司，只是一個單純和兄弟在一起的地方，簡單說就是一種Family（家人）的感覺。我們的關係不是靠錢來維繫，打從一開始我們就像緊挨著彼此，一路一起走過來的家人。其實Jinusean出第三張專輯的時候，剛好是和YG合約到期的時候，我們的經紀人說有別家公司想挖角我們，而且還提了當時無法想像的巨款。但我們毫不猶豫地就拒絕了。或許那時候換公司可能會比在YG賺得還要多，但是可能不會像在YG做音樂那麼開心。

Q 所以現在的角色不是公司旗下的歌手，而是一家人。

A 嗯，沒錯。雖然玄錫現在是公司的社長，但對我來說就只是「哥哥」，而我總是對這個哥哥心懷感激。在我真的過得很苦的時候，不管是明處暗處，他都幫了我很多的忙。最重要的是，他把我的妻子介紹給我，光這件事他就真的是我的恩人。

Q 但YG也從Sean身上得到了很多幫助，尤其在YG形象好轉這件事上，Sean的角色格外特別。

A 這個嘛……我和我的家人並非為了讓YG形象好轉而刻意行善，我只是選擇了一種能讓我過得更幸福的方式，於是很多人擁護我、稱讚我做了很多好事。所以最終我做的這些對的事、好的事，並不是為了讓YG對外的形象好轉，而是為了YG一家人的幸福。

Sean 心目中的幸福世界

Q 既然聊到了行善，那我們就再多聊聊吧。最近你和孩子一起做公益成了熱門話題，開始的契機為何呢？

A 孩子在長大的過程中，看到爸爸媽媽做的事就會自然而然地一起參與，現在已經不只是一起參與，而是他們自己去享受幫助別人時所獲得的幸福感。如果我們對他們說「爸爸、媽媽用你們的名義做了事（幫助別人的事）。」他們就會非常高興。然後他們甚至還會問：「那下次什麼時候還會做？」每次在幫助別人的時候帶著他們一起去，他們就會自然而然地接受。前不久到Purme 基金會（身心障礙援助機構）捐款的時候，孩子們竟然自動自發，主動先拿著錢幣投到捐款箱裡。

Q 你也會宣導YG的後輩們做好事嗎？

A 我還滿常帶著樂童音樂家或2NE1一起。樂童兄妹也和我一起去過支援殘障人士的機構，2NE1的CL則是主動和我聯絡，說如果沒有行程也想做公益。不管再好的事，如果本人不願意，再怎麼勉強也沒用。像樂童兄妹和CL是真的喜歡，看他們做公益時快樂又幸福的樣子，真的很開心。

Q 可是也有不少歌迷看到Sean做公益，都擔心「如果把錢都捐光了，Sean要靠什麼過日子啊」？你覺得呢？

A 雖然我看起來不是這種人，但是只要下定決心去做的事，我就一定會做到。如果我不知情那也無可奈何，但是只要我知道了，就會想著一定要做（義工或捐款），而且通常想都沒想就投身其中了。我很感謝那些擔心我靠什麼吃穿的歌迷們，但若是按計算機也得不到答案，那倒不如不要按了，從眼前的事開始按部就班地做，通常自然就會找到答案。這種例子多到數不清。2013年為了幫助成立兒童復健醫院，我計畫了一公尺捐獻一元的馬拉松大賽。十二月左右，我跑滿了一萬公里，於是又讓我興起了每跑一公里就捐一萬元的想法。所以當我在煩惱這件事的時候，剛好就接到廣告代言，解決了這件事。也就是說當我做一件想都沒想過的事時，剛好就接到了廣告代言，解決了這件事。所以我並沒有讓孩子們過著沒得吃、沒得穿的日子，不論是擁有得再多，或真的一無所有都不是好事，所以我會在合理的範圍內讓孩子們享受他們該享受的生活。

YG 的過去、現在還有未來的「那個人」

　　Jinusean的Sean曾經是傳統嘻哈的代名詞，但有一天突然成為演藝圈的公益領導人，現在甚至還多了個稱號「育兒之神」。現在身為YG理事的他，在大家的記憶中會是成就今日YG的基石。

　　他說自己不惑之年以後的臉孔是自己捏出來的，剛結束煤炭搬運，滿身大汗的Sean臉上流露著溫柔的微笑，看起來平易近人。他的臉上已不復見當年那股嘻哈青春、一副要毀了全世界、唱著充滿爆發力的Rap，現在只剩滿載的幸福。

　　他的樣子可以讓人看到YG的過去、現在和未來。雖然就像執著於自己所追求的音樂和舞蹈一樣，不願讓自己的主觀屈服，但由此所獲得

的成功，他並不自己獨享，而是樂於與身邊的人分享。他的心態和行動，還有不安於現況、為了更寬廣的未來而繼續迎向挑戰的態度，是Sean還有YG的未來讓人愈發期待的原因。

在 YG 內
呼吸的嘻哈——
1TYM

一路走來，我的目標都只有嘻哈。到
了最近才開始拓展音樂的類型，簽下
了樂童音樂家。但在那之前，每一位
YG 歌手都是嘻哈、R&B 歌手。

　　雖然沒有賺到大錢，但Jinusean的成功讓YG獲得了自信，也開始準
備再向前邁進一步。

　　1998年Jinusean人氣依舊，製作了一張把Jinusean的歌曲翻成英文
的專輯《The Real》。專輯裡有一組由七個人組成的男子偶像團體M.F.
Family參與，並在該年晚秋，原本M.F. Family的原始成員少了三人，由
四人組成了一組嘻哈團體出道，而他們正是1TYM。現在很難在舞台上
看到他們，所以人們都以為他們暫時隱退了。但YG和1TYM成員都表示
他們從未正式隱退，只是忙於各自的領域，而沒有繼續出專輯和接活
動。

　　1TYM團名意為「你心裡的一瞬間」（One Time for Your Mind），
是由四位才華洋溢的青年組成的嘻哈團體，以團長兼主Rapper的Teddy

為首，成員有負責編舞和Rap的吳振煥和宋伯景，還有主唱Danny。出道專輯《1TYM》和主打歌〈1TYM〉都與團名同名。

如果說Jinusean是讓大家開始認識並對嘻哈產生興趣，那麼1TYM則是讓大家覺得嘻哈是個讓人興奮且愉快的音樂。1TYM把嘻哈這個音樂類型轉換成韓國人熟悉的旋律和歌詞，讓大家可以輕易地跟著唱，於是他們的歌曲一下子便擴大了嘻哈的歌迷群。尤其最受女國中生、女高中生們的歡迎。白白淨淨的美少年外表，歌詞傳遞了光明又充滿希望的訊息，美麗的和音時而甜蜜時而叛逆，讓許多人深陷於他們的嘻哈魅力。不管怎麼看，1TYM都可以說是第一代「嘻哈偶像」。

但他們並不只是單純唱歌跳舞的「偶像」，他們的實力在那之上。從1TYM的第一張專輯起，成員中的宋伯景便和當時YG主要的製作人之一Perry一起共同擔綱製作，從第三張專輯後，則由Teddy和宋伯景兩人製作他們的專輯。偶像歌手負責自己專輯的作詞作曲或製作，在當時來說是很罕見的事。而1TYM打從一開始就具備了嘻哈音樂人的姿態。

這種嘻哈精神成為YG初期發展的原動力。

「喜歡的嘻哈？我不是喜歡嘻哈，而是梁玄錫這個人全身上下都是嘻哈的細胞。 Jinusean、1TYM之所以會成功，是因他們和我是同類型的人，在溝通上很合得來。其實Keep Six並非骨子裡全是嘻哈，遇到了Jinusean和李賢道這些人，我才找到了我的真面目和我喜歡的音樂。於是一路走來，我的目標都只有嘻哈。到了最近才開始拓展音樂的類型，簽下了樂童音樂家。但在那之前，每一位YG歌手都是嘻哈、R&B歌手。」

所以，最終還是因為專注於自己最有興趣、最喜歡、最熟悉的領域，才能獲得這些成果。當然，這樣的足跡也要和有共鳴的音樂人一起

工作才有可能。

　　像1TYM這樣由成員親自參與製作，或和其他製作人一起合作的方式成了YG的傳統，此後以類似的方式製作專輯的偶像也變多了。如此成形的YG文化，讓歌手們不只是收到完成的歌曲後單純練唱而已，而是從一開始就由自己親自參與專輯的製作，並在專輯中投注自己的哲學和藝術價值，讓他們做一張真正的「自己的專輯」。

　　還有，那為人所知的「YG Family」一詞，也是在這時候誕生的。梁玄錫說，「Family」是當時把Jinusean、1TYM當成一家人時所誕生的詞。「口子⑩」意為「吃的嘴巴」，衍伸為「一起吃飯的人」。簡單來說，就是指他們的關係已經超越音樂上志同道合的朋友，或經紀公司代表和旗下藝人關係了。「Family」精神後來也成了YG文化的代表之一，以「YG Family」的名義出專輯，甚至誕生了這句「我們是YG Family、Family、Family」的歌詞（1999年包含製作人梁玄錫在內的旗下歌手齊聚一堂，以YG Family的名義出了第一張專輯《Famillenium》，主打歌為〈我們是YG Family〉）。

---

⑩ 韓文原文為「식구」，漢字音為「食口」，也就是「家人」的意思。

徐太志的
回歸

雖然只是近一年的短期經紀，幫他製作、發行專輯，但是事情很多，為了滿足徐太志細心的個性，我們很努力地想把事情做得更到位。因為這樣，也領悟、學習到了許多東西。

　　梁玄錫、梁民錫這對夢幻組合聯手發威，熬過了最辛苦的時期，Jiusean和1TYM也相繼獲得成功，確立了YG作為經紀公司的潛力和存在感，但是在經營這方面還是有好長一段路要走。2000年隨著1TYM第二張專輯的成功，公司的氣氛也開始變得不一樣了。他們開始有餘力能夠計畫未來和思考經營面，而且剛好有個契機能夠讓YG的經營更上一層樓，就是成為徐太志的短期經紀公司。

　　2000年9月徐太志以《超級樂迷》回歸，這是他第二張個人專輯，若加上「徐太志和小孩們」時期所發行的專輯，則為第六張專輯，但是這張專輯的意義有些不同。1996年徐太志在「徐太志和小孩們」宣布解散後兩年，發行了第一張個人專輯《徐太志》（Seo Tai Ji），但因為當時人在美國，所以完全沒有對外的活動和表演。專輯裡收錄的歌曲除

了〈Maya〉之外，大部分的曲名都只是〈Take One〉、〈Take Two〉等，好像只是在他正式展開音樂活動前，把這段期間累積的實驗作品先讓歌迷搶先聽的感覺。但是第二張專輯《我是超人》從企劃本身就與眾不同。考慮到這張專輯是徐太志的正式回歸，大規模地在媒體和網路上宣傳「徐太志回歸」的消息。而且徐太志也為了配合專輯發行的時間，從金浦機場回韓國。不但長期等待的歌迷瘋狂，電視台更是忙著接待徐太志。

此時徐太志的經紀人就是YG。雖然只是不到一年的短期經紀約，但是徐太志不只是單純的歌手，他是時代的記號兼文化的象徵，YG在打理徐太志國內活動的這段期間，公司內部也起了各種正面的變化。

YG和徐太志的合約關係，與旗下歌手那種一家人的感覺不同。雖然徐太志和梁玄錫私下是惺惺相惜的摯友，但是生意關係光靠情分是不夠的，反而更應該清楚地算帳、確實地準備和管理。尤其想要滿足徐太志一板一眼的個性，以YG原有的模式來走是不可能的。關於這點梁民錫曾說：

「徐太志以《超級樂迷》（Ultramania）回歸時，就是由我們公司製作發行。也是從那時候起，我才真正掌握經紀公司和藝人之間的金錢流向，也就是說我才開始認真地結算，並對數字有了確切的概念。雖然只是近一年的短期經紀，幫他製作、發行專輯，但是事情很多，為了滿足徐太志細心的個性，我們很努力地想把事情做得更到位。也因為這樣，我自己也領悟、學習到了許多東西。」

在徐太志以後，YG也有不少像他一樣的例子，就是與歌手和其原本的經紀公司締結三方合約。

「YG與歌手和其原本的經紀公司簽訂三方合約的例子在2000年初

特別多。過去曾在Mboat旗下的歌手從輝星、Bigmama到Gummy，對我來說都是新的體驗和課題。我的功課就是把外界向玄錫口頭提議的三方契約化為正式的紙上文書。」

多虧在代理徐太志期間，讓梁民錫得以累積這部分的訣竅。雖然忙得昏頭轉向，但他也因此建構了經營公司的框架。

「首先就是捨棄原有的專屬合約，準備新的三方專屬合約書。光是歌手和經紀公司雙方的合約就夠複雜的，再加上第三方，真的讓人更傷腦筋。因為有很多利害關係人，所以連條款細項都要約束。像是製作費和執行費要怎麼分攤、投資風險該由誰承擔、誰又該負責擔任總管。還有包含版稅區分、推行（Promotion）的決策結構……總之設計合約書的過程真的很辛苦。所以在代理徐太志的時候，我和當時認識且至今都還是YG的顧問律師鄭慶碩律師，針對三方合約做了一番討論和協議才終於擬出了草案。那時候韓國可沒幾位專業的娛樂事業律師，而我們也開始像美國等娛樂產業發達的國家一樣，接受專業律師在法務上的協助。」

不只如此，在此之前曖昧又不透明的專屬合約，也在梁民錫的手中變成和現在的標準合約類似的型態。

「公司草創期為了和Jinusean簽約，已經先和Jinu、Sean分別簽了個人合約，但是我看了合約才發現有好幾條曖昧不明的條款，其實對他們很不利。我覺得這樣不行，便找了好幾個地方諮詢，才做出了一份像樣的合約並和他們簽約，和現在公司通用的標準合約幾乎差不多。公司和旗下藝人一開始就得清楚結算金錢，確保一切透明，而這也是應該的。」

YG都是以最後活動為基準進行結算，一直到1TYM時期都是如此。

因為以最後活動為基準才算專輯活動結束。而且最後活動結束後，公司通常會整理活動期間的收入和支出，剩下的差額便依歌手和公司的配額來結算，但現在不一樣了。

「因為現在很難準確區分歌手的專輯活動期間，所以改成以不同的期間來結算。YG基本上是以三個月為一季來結算，假設結算期間為1月1日到3月31日，那麼下個月底，即4月底就會支付。」

即使苦了這麼長一段時間，最先注意到的還是金錢的「明」算帳，這點值得引以為鑒。此外原本人員擴充都著重在製作部，但梁民錫將其擴大到管理經營部，在塑造公司體制上花了很多苦心。

如果說Jinusean和1TYM的相繼成功，讓YG對外打響了品牌，那麼擔任徐太志短期經紀期間，則給了YG一個重要的經驗，為內部經營打下更好的基礎，也守住YG這個品牌，累積如何經營其他歌手的要領。當然這段期間也留下了遺憾——當YG專注於籌辦徐太志的回歸時，卻錯過了製作自家歌手的時機。

「照理來說公司總是得不斷準備下一餐，用最近業界的術語就是新樹種產業[1]，但我們卻暫時中斷製作社內的新歌手和音樂內容。在時間和資金上，兩方面都不是很順利。」

但是YG很快地就以他們自己的方式突破難關，開始了新的改革。

---

[1] 新樹種的意思就是「新的樹種」，而新樹種產業指的就是足以引領外來產業，有希望的新興產業。

換個方式思考——
改變局勢

推出像 Bigmama 這樣以歌唱為重心的女團，也丟下了不小的震撼彈。而由此獲得的成功，就是透過逆向思考所造就的。

2002年4月，YG和R&B龍頭Mboat攜手打造一位實力派男新人。他國中時曾加入舞團，當過舞者；高中曾玩過樂團，參加過江邊歌謠祭[12]。他也在90年代末期曾流行一時的電腦通信Nownuri[13]的黑人音樂創作社團SNP（Show and Prove）受到肯定，渾身充滿了當時本土歌手幾乎看不到，俗稱黑人靈魂（Soul）的細胞，他就是輝星（Wheesung）。

Mboat看上輝星的實力，並簽下他準備為他出專輯，此時YG向Mboat提議了戰略性合作，接受提議的Mboat負責企劃和管理製作，YG則負責製作、宣傳及行銷。

「輝星是我第一次親自宣傳的歌手。現在回想起來，二十七、八歲就開始做音樂的我真的很年輕就起步了。當時經紀公司的力量很重要，要是沒力，根本連節目也上不了。但那時候的我太年輕，經驗也不足，

---

⑫ 1979 年起由 MBC 電視台企劃製作的歌唱大賽，參賽者目標群為大學生，直至 2001 年共舉辦了二十二屆。
⑬ 1994 年韓國的 IT 企業 Nowcom（現為 Africa TV）所提供的網路通信網。

所以就依附Yedang娛樂經紀的名字，並付給他們需要的費用。但是開始負責輝星後，我覺得我應該要自己來，所以從〈不行嗎〉開始我就自己跑。」

在輝星之前，YG一直以來的做法是，YG負責專輯企劃和製作，專輯發行後的流通和宣傳就交給Yedang娛樂經紀。而且YG會支付一筆錢，作為流通和宣傳的經銷費。但是輝星的情況不同，YG和Mboat的戰略性合作是Mboat負責製作，YG負責宣傳。之前製作公司的特性強烈，從現在開始必須得以一個經紀公司來發展。而輝星之所以能夠成功，都是在代理徐太志時所累積的經驗。

打著「徐太志激賞之聲」的形容詞，輝星帶著《Like a Movie》這張專輯出道，充滿渲染力的主打歌〈不行嗎〉受到評論界和大眾的一致好評，也讓輝星開始受到矚目。但是獲得如此成果的過程卻不簡單。梁玄錫對當時只能靠雙腳跑、傳統的宣傳方式感到困惑。

「說難聽點，我覺得很骯髒、很可恥。甚至覺得我還得做到這份上嗎？如果是為了我自己，那麼打死我都不會去做，但是第一次挖掘像輝星這樣的歌手，無論如何都要讓他成功，所以只好每天凌晨6點就爬起來到處奔波。我還清楚記得當時有五大報社，為了跟那些部長打招呼，從一大早就開始追著他們。當然跑電視台跑得更凶，那時候『徐太志和小孩們』時期不聽話的印象對他們來說還是很強烈，每次到電視台和負責人見面時都受了不少氣。真的很累，尤其輝星那時候。因為是第一次，所以這樣的恥辱讓我更加難以啟齒。但也不能因為這樣就跟對方吵架，因為我沒有力量。雖然那時候為了讓輝星上《音樂銀行》（Music Bank），每週都跑去見負責人，但是幾個月下來還是無法讓他上節目。」

即使早就料想到會很辛苦，但辛苦卻超乎想像。尤其那時的梁玄錫，不知道是不是仍強烈覺得自己是藝人，所以與其丟了錢，更不想拋下自尊心，但反過來看他卻獲得了「經驗」。梁玄錫說：「至少那些都累積成了經驗。」

此後以當時累積的經驗為基礎，YG持續和Mboat攜手推出更多實力派歌手。翌年，2003年2月1日、2月6日、3月8日，一個月的時間連續發了三組歌手的專輯，就是Gummy、Bigmama還有SE7EN。

Gummy出色的歌唱實力也跟輝星一樣在SNP備受肯定。當時在SNP活動時，Gummy認識了輝星，比輝星大一歲的她還曾指導過輝星唱歌，是眾所皆知的實力派。而由沈妍雅、李智英、李英賢、朴敏惠所組成的四人女子團體Bigmama，竟在S.E.S、Fin.K.L代表偶像女團當道的時期只憑歌唱實力組成，可見其實力過人。YG和Mboat因為共同推行輝星的第一張專輯，雙方也形成了信任感，自然而然也一同製作了Gummy和Bigmama（這正是前一節梁民錫所說的準備三方合約書的時期，因此輝星、Gummy、Bigmama共同所屬YG和Mboat）。

SE7EN則是YG的練習生、1TYM的舞群，為了在YG以歌手出道，接受了整整三年的訓練。出道前也參與2002年發行的《YG Family 第二專輯》，並演唱了〈一次，就一次〉（在專輯裡標示為YG New Face）先累積歌迷。為了當歌手，SE7EN已經做了很多準備。因此，當時在YG和Mboat的緣分下，Mboat也參與了SE7EN的第一張專輯製作。

讓旗下歌手如接力般出道，在當時也是件破格之舉。通常自家人互打都會招致不好的結果，但是梁玄錫卻非常大膽。據梁民錫的說法，當時梁玄錫說「都準備好了，現在要專心製作這些歌手，讓他們一次出去」，從這段話可以看出他的自信，結果也並未辜負他的自信。

Gummy的出道專輯為《Like Them》，主打歌〈若你歸來〉和第二波主打〈早知道當朋友也好〉接連受到歡迎，打出了名聲。本來「Gummy」這個藝名是取意為「大的」的巨和「美麗」的美，意為「大而美」，但同時也有「像被蜘蛛⑭網網住一般，無法掙脫」的意思。其實在出道前，梁玄錫聽了Gummy的歌便給予這樣的評價：「她的聲音有把人緊緊包覆，無法掙脫的魔力」。Gummy的表現也如這個評價，抓住了大眾的耳朵，讓人無法掙脫。出道前，每次Gummy參加選秀只聽到「那張臉能當歌手嗎？」但她的出道讓這個懷疑不攻自破。Gummy也透過曾經一度大受歡迎的節目《我是歌手》，成為實力派歌手的代名詞。

以《Like The Bible》專輯出道的四人女子團體Bigmama，一登場便引發了話題。尤其主打歌〈Break away〉的MV是梁玄錫第一次為MV出點子，也引起許多人的關注。MV的內容是，有四名像模特兒般苗條的女歌手在某間夜店裡唱歌，客人的視線離不開她們，等到歌曲快結束時，才知道其實真正在唱歌的歌手另有他人，站在台前的四位歌手只是在對嘴，而在後台唱歌的歌手是長相平凡、親切的Bigmama成員。那個時期主推的都是漂亮又可愛的女團，但只憑實力正面對決的挑戰，卻正中大眾的胃口。

「第一個我打造的女團是Bigmama。當時的世界只推捧漂亮又苗條的女歌手，但我的想法和信念是用歌唱實力以及與眾不同的魅力來打造Bigmama。尤其〈Break away〉是我第一次親自為MV出意見。那時候由漂亮的四、五名女生所組成的女團續出，但推出像Bigmama這樣以歌唱為重心的女團，也丟下了不小的震撼彈。而由此獲得的成功，就是透過逆向思考所造就的。」

---

⑭ 韓語的蜘蛛和 Gummy 的藝名同音。

梁玄錫如此評價Bigmama的成功。主打歌〈Break away〉之後，至今仍名列女性愛唱曲的〈絕望〉也緊接著獲得廣大的人氣，Bigmama的出道專輯甚至創下四十四萬張的紀錄。

SE7EN更是一出道就颳起旋風。他在YG當了很久的練習生，滿19歲以後才以《Just Listen……》專輯出道。外表稚嫩、戴著鴨舌帽、穿著暴走鞋（有輪子的運動鞋）在舞台上橫行的他，讓少女歌迷春心蕩漾。當時他穿出來的暴走鞋也成了男孩、青少年的流行單品。主打歌〈回來吧〉是一首描述想念分手女友的歌曲，溫柔的感性和新鮮的感覺受到大眾的喜愛。而且即使穿著暴走鞋跳著激烈的舞蹈，聲音仍絲毫不受影響。他的歌唱實力也常被人拿來與比他早一年出道的Rain比較，兩人甚至成為競爭對手。SE7EN的出道專輯發行了一個半月便創下了銷售第二的紀錄，這還是在與金健模、曹誠模、李承桓等名氣響亮的前輩競爭中所獲得的成果。此時專輯銷售第一的，正是同門的Bigmama。也就是說YG旗下的歌手並列第一、二名。

這些都不過是幾個月的時間就達成的結果，也證明了梁玄錫自信滿滿的「集中攻擊」並非無憑無據。尤其相繼讓Gummy、Bigmama、SE7EN獲得成功，證明了梁玄錫不只有做嘻哈、甚至其他音樂類型的才華，還兼具培育實力派歌手和偶像的能力。因為SE7EN比較像是偶像歌手，而Gummy和Bigmama則擁有R&B的感性，同時又有抒情歌手的面貌。

我們仔細探討輝星、Gummy、Bigmama這些歌手的成功，因為他們的成功是在偶像橫掃歌謠界的當時所獲得的成果。這三組歌手並非都注重長相或依靠綜藝節目等外力，而是以自己所追求的音樂獲得大眾的喜愛。當然這也歸功於他們的實力和YG的管理所融合產生的結果。多虧於此，YG又得以擴張在歌謠界的版圖。

賭上勝負時，
絕不退縮

無論如何都要確保錢的流動，讓製作
不出任何亂子才行。正好想到了改變
預付款償還方式的點子，最後才得以
切斷預付款的惡性循環。

正如梁民錫在之前所說的：

「2000年代初期，公司忙著推行徐太志的回歸，錯過製作自家歌
手的時機。照理來說公司總是得不斷準備下一餐，用最近業界的術語就
是新樹種產業，但我們卻暫時中斷製作社內的新歌手和音樂內容。在時
間和資金上，兩方面都不是很順利。」

梁民錫表示不但錯過了製作時機，同時因Jinusean和1TYM而稍
微好轉的資金流又出現了動脈硬化的情形。一想到危機可能再度找上
門，梁民錫就覺得害怕。那麼在這種情況下YG又是如何連續推出輝星、
Gummy、Bigmama和SE7EN的呢？這就是梁民錫的隱藏實力。不亞於
在前頭指揮的梁玄錫，梁民錫也在後頭為了精神和物質而奔波。

「當時輝星、Gummy、Bigmama、SE7EN都只是不知何時會出道
的練習生，而玄錫卻重新整備，準備製作已經做好準備的練習生。『都

準備好了，現在要專心製作這些歌手，讓他們一次出去』從這句話可以看出他的自信。於是為了讓玄錫能專心做音樂，我在這節骨眼上一直嘮叨著錢也沒有什麼意義。既然決定以連續製作『準備好的歌手』一決勝負，那麼我無論如何都要確保錢的流動，讓製作不出任何亂子才行。正好我想到了改變預付款償還方式的點子，最後才得以切斷預付款的惡性循環。」

梁民錫想到的辦法是「改變預付款的償還方式」。

「我有百分之九十的煩惱都是如何解決預付款這根深蒂固的毒瘤。因為以我的經驗來看，要是無法解決預付款這個問題，草創期的艱苦時刻一定會再度降臨。在製作輝星、Gummy、Bigmama、SE7EN的同時，我們接受了EMI的幫助，在簽約的同時，我提議不要以原本的方式一次償還預付款，是否能夠按區間償還。設定好償還的區間，並按區間調動版稅。我說服他們說『若是你們能夠讓我們以分期的方式償還，每到一個區間我們就會在歌手們的版稅率上做出讓步。』因為必須讓資金流動才能順利製作，於是我第一次嘗試以這種方式說服對方。我非常感謝EMI了解我的意圖也接受了我的提議，讓我們得到莫大的力量。」

改變了預付款的償還方式也為公司的營運帶來很大的幫助，不但資金流變得更流暢，也終於切斷了預付款的惡性循環。但梁民錫卻把這份功勞歸功於哥哥。

「那時候玄錫專心製作的任何一位歌手，只要有一位失敗了，都可能讓一切付諸流水。但是他對自己製作的歌手和專輯很有信心，而我也相信他的直覺。玄錫所製作的歌手也都以出色的內容獲得好評並發展順利，所以從2003年起公司就不再需要先有預付款了。」

因此，公司得以更上一層樓，而且不只是公司，就連歌手也都名利

雙收。2003年以後，YG已經轉換成良性循環結構，並成為資金流暢、
實力雄厚的公司。

猛烈而偉大的爆炸——
BIGBANG

> 在飯店聽這首歌的時候，就像感應到了電流，馬上打電話跟 GD 說，這首歌不要當你的 Solo 曲，給 BIGBANG 吧。於是〈謊言〉就這樣完成了，而且也紅了。

　　YG之後也推出了女饒舌歌手Lexy（2003年10月），並設立了附屬唱片公司YG Underground（2005年），挖掘有實力的地下歌手並讓他們在歌謠界出道等，開始進行多元化的活動。之後也推出了演員，如朴寒星、具惠善。（2005年10月梁玄錫宣告放棄演員經紀，只全心投入歌手和專輯企劃。當時朴寒星雖然換了經紀公司，但具慧善則繼續留在YG，也成了日後YG正式再啟演員經紀的契機。）輝星和Gummy、Bigmama、SE7EN的活動也繼續發展下去。

　　2006年8月，由五位充滿個性的成員所組成的「BIGBANG」出道了。

　　BIGBANG是YG投注長時間心血所打造的第一組男孩團體，光是準

備期就花了四～五年的時間。他們出道前，YG便透過《Documentary BIGBANG》這個生存選秀節目，將BIGBANG成員的選定過程呈現給大眾，因此很多人在BIGBANG以一個完整的團體出道前就開始關注他們。對此，梁玄錫的說明如下：

「BIGBANG出道時YG的經紀能力還不強。身為沒有分量的中小企業其實也滿擔心的。應該要讓他們常上節目，但也沒自信能做到這點，因此我們非常迫切需要新的企劃。於是我們想了個點子，並向平常有在來往的電視台台長說明，這位台長比其他電視台幹部還開明，他說他想試試非一般電視台競爭的內容，就算讓公司花錢他也想嘗試新的東西。網路發達後，想看現場直播的歌謠節目觀眾愈來愈少，大家都想輕輕鬆鬆地看自己想看的歌手，那種為了看喜歡的歌手等上好幾小時的時代已經過了，所以台長認為應該跟著新媒體的潮流走。」

這場生存選秀中有G-Dragon、太陽、T.O.P、大聲、勝利、張賢勝等六人參加。G-Dragon（本名權志龍）和太陽（本名董永培）在2000年小學六年級時就已經是YG的練習生；T.O.P（本名崔勝炫）則是梁玄錫偶然在弘大某夜店看到他的表演而挖掘成為YG的練習生；大聲（本名姜大聲）則是從小夢想成為藝人，長期在文化電視台旗下的MBC學院學習並累積實力，而後參加YG主辦的選秀，合格後成為YG的練習生；勝利（本名李升炫）從國中起就在「逸話」舞團活動，在光州是有名的舞者，和大聲一樣，是參加YG的選秀才成為YG的練習生；張賢勝也和大聲、勝利一樣，希望能以歌手出道而參加YG的選秀成為YG的練習生。

第一次生存選秀所定下來的BIGBANG成員是G-Dragon、太陽、T.O.P、大聲共四人。但是第二次生存選秀，勝利被選為最終第五位成員加入，落選的張賢勝如大眾所知，之後進了Cube娛樂經紀，成為BEAST

的成員。

　　由此過程所誕生的YG第一號偶像團體和以往的偶像明顯不同。以往的男子偶像長相斯文帥氣、唱歌對嘴，而BIGBANG的不同之處在於主打歌唱實力和音樂天分，他們的音樂和舞台表演都很有個性。第一張單曲所有成員都參與了作詞、作曲，早已具備音樂家的一面，雖然外表並非五位成員都帥氣、好看得引人注目，但在舞台上，他們比誰都還華麗、耀眼。

　　不過YG長時間準備的第一號男孩團體，出道成績並不算好。雖然透過出道曲〈La La La〉多少在大眾之間打響了名聲，但是卻無法引起新的風潮，甚至很多人對他們的外表也有意見。

　　「其實很多人對YG歌手的外表一直很有意見。BIGBANG一開始也被罵得很慘。像是『要說他們是偶像也曖昧，要說他們是音樂人也曖昧，只因為他們年紀小又跳舞才掛上了偶像這個名詞。』『除了T.O.P，哪有偶像長那樣的？』『這算什麼偶像啊？』『瘋了嗎？』『你們在家都不看鏡子嗎？』這類。」

　　梁玄錫如此回顧。可是BIGBANG必須等待下一次機會。無奈，剛好這個時機點輝星和Bigmama與YG和Mboat的合約到期，相繼離開了公司（同時YG和Mboat間的合作計畫也走到尾聲，兩公司的事業關係也結束了）。也因為這樣外界也紛傳YG出現了危機，但是梁玄錫並不擔心，因為他相信BIGBANG。

　　「當時輝星和Bigmama的離開讓大家到處說閒話，說YG要出事了。但我一點也不擔心，雖然這樣說好像在騙人。因為我手上還有正在準備的歌手，就是BIGBANG和2NE1。雖然BIGBANG一開始並不順利，大概兩年吧？但是因為我相信他們所擁有的實力和內在的才能，所以我

一點也不擔心。我們仍持續努力讓大眾了解我們。我一路看著這些孩子好幾年，我知道是因為大眾還不了解他們，所以也花了不少時間。」

因為相信BIGBANG成員所具有的實力和內在的才能，梁玄錫並不擔心。發行了多張單曲以後，歌迷漸漸多了起來，最後，如同他們的團名，屬於他們「大爆炸」（Big bang）的時刻來了。

2007年夏天，BIGBANG帶著迷你專輯《Always》回歸，主打歌是〈謊言〉。但BIGBANG此時經歷的「人氣爆炸」並非謊言一場。由G-Dragon作詞作曲，勇敢兄弟編曲的〈謊言〉，以懷念分手戀人的歌曲來說，這首歌明亮且輕快，歌詞和旋律讓人琅琅上口，搭配的時尚一般人也能輕易消化。他們在舞台上自由奔放地縱橫，又是個新鮮的表現。因此他們攻陷那年下半年的歌謠界，甚至占領二十歲以下的少年界時尚，當時他們所穿的高領鞋成了那個年紀的少年們的必備單品。

「這個GD也曾經在節目上講過，我去日本的時候，GD開始寫歌，並寄了歌曲的一部分給我。寄來的是被稱作Sabi[15]的副歌部分。這首歌本來是GD為了Solo準備而寫的歌，可是我在飯店聽這首歌的時候，就像感應到了電流，聽了一次我就馬上打電話跟GD說，這首歌不要當你的Solo曲，給BIGBANG吧。於是〈謊言〉就這樣完成了。而且也紅了。」

這就是〈謊言〉誕生的背後故事。BIGBANG藉〈謊言〉這首歌打破了以往我們一想到「偶像」就會浮現的典型框架。他們熱情歌唱，在舞台上自由縱橫，青澀且充滿霸氣的少年樣仍始終如一。

此後BIGBANG的後續作品還有〈最後的問候〉〈一天一天〉〈紅霞〉等，每首歌都獲得了高人氣，不但成為YG的招牌明星，更成為名副其實的韓國頂尖團體。2009年，他們以韓國的人氣為跳板進軍日本市

---

[15] Sabi，副歌，subject 的日式表現。

場,第一年他們便在日本幾個重大的音樂頒獎典禮上勢如破竹地橫掃新人獎,現在仍享有廣大人氣。但是他們還在成長。梁玄錫說:

「要說BIGBANG就像是創作型偶像嗎?自己寫歌自己唱,站在音樂人和偶像的界線上,而漸漸往音樂人的方向靠攏。」

因為BIGBANG的大成功,YG的地位又更上一層樓。但這對梁玄錫來說,只不過才剛開始而已。

BIGBANG 是 YG 投注長時間心血所打造的第一號男孩團體，光是準備期就花了四～五年的時間。YG 透過《Documentary BIGBANG》這個生存選秀節目，將 BIGBANG 的成員選定過程呈現給大眾，而如此誕生的 YG 第一組偶像團體和以往的偶像明顯不同。

美麗的才能與熱情兼備──2NE1

> 她們不像一般女子團體以性感或臉蛋來吸引人氣，而是以音樂取勝。這點不管別人怎麼說，我都能很有自信地回答。

2009年3月，BIGBANG和某女子團體一同發行了一張數位單曲〈Lollipop〉，這首歌本來是某手機的廣告歌曲（CM song），但很快地便占領各大排行榜。和BIGBANG一起合唱這首歌的女子團體也受到了矚目，而她們正是YG睽違七年推出的野心之作，第二號女子團體「2NE1」。

其實YG曾在2002年推出由安奈瑩、成美賢、李恩珠所組成的三人女子團體──SWi.T。SWi.T準備了四年才拿著梁玄錫製作的專輯出道，她們的主打歌是嘻哈感強烈的〈I'll Be There〉，第二波主打則是輕快的〈Everybody Get Down〉，這兩首歌讓她們成功地吸引了大眾的注意，但之後成員因為私事而退團，於是便以這張出道專輯畫下句點並解散了（當時SWi.T的成員李恩珠因為是水晶男孩[16]〔Sechs Kies〕成員李在振的妹妹而受到矚目，現為梁玄錫的妻子）。

2NE1是由CL、朴Sandara（Dara）、朴春（Bom）、孔敏智（Minzy）所組成的四人團體，在BIGBANG出道當時就已經計畫出道。據梁玄錫所說，她們的準備過程比照BIGBANG，成員（除了老么）四～五年來都沒有特別的行程，每天要接受十二個小時的訓練為出道做準備。在梁玄錫為2NE1這個團名命名前，就預告YG要出嘻哈女團，也在網路上公開成員的照片或影片。所以2NE1在出道前就已經備受矚目，也被稱為「女版BIGBANG」。

　　經了解才知道公開的成員們經歷有多豐富。主唱朴春曾經和李孝利、Eric一起拍了某手機廣告的MV，並以MV中「假的李孝利」為大眾所知；副主唱Dara則是菲律賓的人氣明星；以舞蹈實力為傲的旻智，則是被指定為重要無形文化財保有者的韓國舞蹈家——故孔玉振女士的孫女；而身為團體隊長兼實力派Rapper的CL則是物理學家西江大學李基振教授的女兒，精通四國語言，是個多才多藝的藝人。

　　2009年4月底，梁玄錫正式公開和BIGBANG一起發行數位單曲、已為大眾所知的2NE1正式出道日，並於下個月5月6日正式發行數位單曲〈Fire〉，也掀起了一股狂熱。

　　最近才常聽到「女神」這個字，當時的女團大概都被封為「精靈」。S.E.S、FIN.K.L之後的女團都固守漂亮、可愛、清純的形象，在那之後，到了2000年代中後期才又發展成展現熟女面貌的偶像女團趨勢。但是2NE1不一樣，以〈Fire〉出道的2NE1離精靈、女神都有很大的距離，反而更像是女戰士的形象。歌曲本身就不是軟綿綿的愛情歌謠，而是追求前衛、自由、節奏充滿嘻哈風格的歌曲，這才叫「火」。而且，大眾的反應也如「火」如荼。歌曲一上市就打入各大音源排行榜，緊接著7月發行的第一張迷你專輯首發銷量便達到了五萬張。

---

⑩ 韓國的六人男子團體，成員分別為殷志源（은지원）、李在振（이재진）、金載德（김재덕）、姜成勳（강성훈）、高志龍（고지용）、張秀源（장수원）。1997年出道，於2000解散。

繼〈Fire〉之後發表的第二波主打〈Pretty Boy〉和〈In The Club〉都接連大受好評，下半年發表的〈I Don't Care〉則又再次大放異彩，奠定她們的存在感。她們並非單純以團體活動，在她們出道不久後，也反一般新人女子團體之道而行，以各種子團體形式活動。一直到〈I Don't Care〉發行前，就接連發行了Dara的〈Kiss〉、朴春的〈You & I〉、CL&旻智的〈Please Don't Go〉，每個成員皆全面散發了各自獨有的魅力，也展現了她們的形象不只是女戰士，也有女性化、成熟、可愛的魅力。在一連串的活動加持下，她們也拿下了下半年各音樂頒獎典禮的新人獎等，2009年可以說是2NE1的一年。

充滿個性的嘻哈女子偶像團體2NE1的登場，可以說是打破當時女子團體的框架。當時也有不少關於2NE1前景堪憂的負面報導，但梁玄錫有信心。

「我什麼都不好，但就這件事做對了。因為身為早期使用者（early adopter），加上很早就透過網路開始接觸大眾的各種意見，花了很多苦心解讀大眾的心思。我最早打造的女子團體是Bigmama，而Bigmama也是打破了既有的框架，在當時被外貌至上主義所支配的歌謠界推出了這個團體，這完全是逆向思考。當然，要說Bigmama很YG是有點牽強，畢竟她們不是嘻哈路線。但我一直用我喜歡的音樂和概念來打造一組團體，2NE1就是我的風格。」

而他的自信奏效了。

「2NE1不像一般女子團體以性感或臉蛋來吸引人氣，而是以音樂取勝。這點不管別人怎麼說，我都能很有自信地回答。我身邊的人都這樣說，因為喜歡她們的音樂而成為她們的歌迷。我自己覺得2NE1的人氣歌曲比當年與她們一起出道的女團多很多，因為以單曲的概念來推

行。2NE1也辦了很多場海外巡演，在國內很難找到辦了這麼多場巡演的女團。」

梁玄錫也說2NE1很漂亮，「有才華又認真的歌手真的很漂亮，當每個人的個性都很突出的時候更是如此。2NE1的每位成員所具有的才能和熱情都愈看愈美麗。」

事實也是如此。站在舞台上的她們不但帥氣又散發著美麗的光芒。每個人盡情展現自己的個性，但卻又彼此融合，激發了另類魅力，這應該就是2NE1至今仍受到許多人喜愛的原因吧。或許2NE1才是真正「美麗的女子團體」也說不定。YG的新挑戰又再次成功了。

把BIGBANG和2NE1全都推上至高的地位，YG現在已經是韓國演藝界公認的最強經紀公司。大概到這裡我們都可以看作是YG的初期開拓史，現在回想起來，為了走到這個地位，YG並非一路順遂。不管是內部還是外部評價，YG都經歷過「危機狀況」。但每次梁玄錫都說，與其說這是危機倒不如說是轉機，即使輝星或Bigmama離開時他也這麼認為。

「我覺得一個人在自己擅長的領域裡一定有極限，這不是理所當然嗎？（雖然覺得他們的離開很可惜）但我把緬懷輝星、Bigmama離去的時間全投在BIGBANG身上，這或許也是他們成功的原因吧，至少我這麼認為。我覺得也因為我的個性正面樂觀，所以當想要成就一件事時，就真的能夠達成。」

或許在YG的熱情和挑戰的歷史背後，也藏著梁玄錫正面、樂觀和自信的能量吧。正面、樂觀是創造熱情和挑戰新事物的原動力，日後YG的挑戰和變化也在這個基礎下不斷持續著。

YG 睽違七年推出的野心之作，第二號女子團體 2NE1 是一組離精靈或女神都有點距離，追求自由感性、充滿個性的嘻哈女子偶像團體。曾被稱為「女版 BIGBANG」而登場的 2NE1 是打破當時女團框架的案例。

Interview ②

全世界都認可的「叛逆」自信
—— G-Dragon

G-Dragon，以起始的這份熱情，成長為讓人狂熱的標誌

2014年春天，不只在美國，在全世界也非常有名的音樂人史奇雷克斯（Skrillex）一發行新專輯《停泊》（Recess），便讓音樂界盡情狂熱。史奇雷克斯是誰？2012年和2013年在葛萊美獎（Grammy Awards）上獲得八項提名，並拿下了六個獎項，成為世界流行音樂界的新星，未來備受矚目的年輕明星之一。他的專輯一發行，就在號稱流行音樂人氣指標的iTunes專輯排行榜上創下第一的紀錄。

但韓國的樂迷在他的專輯上發現了令人開心的名字，正是BIGBANG的G-Dragon和2NE1的CL。史奇雷克斯和G-Dragon、CL一起合作了收錄在專輯的一首歌〈Dirty Vibe〉，更驚人的是，就在差不多時期，包括菲瑞・威廉斯（Pharrell Williams）在內的許多知名流行音樂歌手都開始在自己的SNS上透漏自己和G-Dragon的朋友關係，或把G-Dragon選為最想一起合作專輯的第一順位歌手。實際上這種徵兆從很早之前就可以預知。

2013年秋天，G-Dragon的第二張正規專輯《流行革命》（COUP D'ETAT）一出，音源、專輯排行榜便掀起一陣騷動。專輯收錄的所有歌曲都占領了排行榜的上游圈，尤其主打歌〈叛逆〉更被美國音樂頻道「MTV IGGY」選為「2013年年度歌曲」。不只如此，這也是國內歌手首度爬上Billboard（美國告示牌）「2013年終排行榜」（2013 Year End Chart）中世界歌手專輯（World Artist Album）年度排行榜第九名。包括具有影響力的媒體《紐約時報》（New York Times）在內，數一數二的媒體都大力稱讚他的歌編曲成熟且具有國際感，也有不少明星將他的專輯封面分享到自己的SNS上。

即使如此，G-Dragon仍然為了挑戰新的領域不斷砥礪自己，絕不墨守成規，在音樂上、表演上總是帶來全新的感覺並追求更好的東西。這也是為什麼我們總是期待現在的G-Dragon，而不是過去的他。

讓我們和仍然朝著最好、朝著全新領域疾走的G-Dragon聊聊他的生活和音樂，還有關於YG的故事。

G-Dragon 和志龍

Q 對於舉手投足都呈現在大眾面前的舞台明星生活，不覺得累嗎？

A 從小站在舞台上我就不覺得恐怖或緊張，加上BIGBANG活動都以演唱會為主而非電視，所以更不能害怕站在舞台上，也就是已經習慣了。雖然巡迴演出很辛苦，但是這世界上有很多歌手想辦巡迴演出也辦不了，一想到這，這點苦反而讓我覺得感恩。當然身體還是會覺得辛苦覺得累，但是歌手們常說自己「舞台中毒」是有原因的。我不管再怎麼累，只要上舞台就覺得接收到了元氣，因為有無數名觀眾在看我。拍寫真或拍MV的時候也一樣，有那麼多工作人員都在看我工作，所以我更不能因為身體狀態不佳就畏畏縮縮的。如果我能獲得工作人員或觀眾的歡心，那麼拍攝或表演都會很順利；相反，若是我覺得不自在、緊張而失了氣勢，那麼也無法獲得令人滿意的結果。總之我只要上了舞台就能獲得能量，就算身體不舒服也會好起來，我想這也是為什麼其他歌手站在舞台上會這麼努力的原因吧。

Q 當你不是G-Dragon而是志龍時，你的日常生活是？

A BIGBANG成員都很喜歡在巡演期間的逛街時間，我也很享受。而且我特別喜歡買衣服。因為巡迴的每個國家都有不同的特色，所以我主要都是去逛當地的時尚大道。當表演結束真的很累的時候，讓自己重新充電的方法很簡單，就是泡個半身浴，看自己想看的電影或電視劇，或是什麼話也不說，只是靜靜地待個十～十五分鐘，這樣我就能恢復電力了。平常我都過著日夜顛倒的生活，但其實我們公司的人幾乎都這樣，所以在世界巡迴或表演之前，我都會提早開始調整身體狀況。即使平常的我很愛睡，但卻意外地在巡演前總是能順利地調整身體狀況。

總之，做音樂的人在早上總是異常地腦袋空白，就像傻瓜一樣發愣。到了傍晚才起床、或凌晨兩點才起床玩樂或和同事一起聊天，到了五、六點感覺就來了。不知道是不是養成了這點壞習慣，總是到天亮了腦袋才有東西，然後又繼續每天下午四、五點起床，就這樣反反覆覆的，身體真的很累。但這裡的模式就是這樣，只要兩、三點來到這裡，大家一定都在工作，所以並不覺得有什麼不自然的地方，因為這樣平常也無法和其他一般的朋友見面，畢竟生活模式完全不同。有時候甚至起不來，一睡就睡個兩、三天，總是靠多睡、熟睡來調整身體狀況。

Q 或許是因為小小年紀就出道了，所以比起其他明星，大家比較不知道你出道前童年的故事。小時候有什麼讓你印象深刻的事嗎？

A 小時候的事我幾乎沒有印象，如果媽媽說：「嗯，小時候你不是很喜歡嗎？」照理來說我應該會有印象，但卻完全不記得。或是爸媽給我看以

前的照片，看著照片裡的樣子我也常想「我有這樣嗎」？小時候也演過戲，您應該知道童星演員們的成長模式吧？雖然說起來害羞，我上過《BoBoBo》[17]，也上過演戲學院。當時小孩從事演藝工作的情況還不多，所以那時候有所謂的「童星路線」。我甚至還參加過選秀，獲得了一個跑龍套的機會，不過即使當過童星演員，但我對當時的記憶並不深，媽媽說：「志龍只對音樂或衣服這類他喜歡的東西全神貫注，其他他都記不太起來。」不過有件事我記得很清楚，就是因為我年紀最小所以也受到很多寵愛。而且那時候爸媽不知道有多開心，到現在還是以我為傲。當我漸漸懂事，也一直想著怎麼對家人好。我們一家人就像朋友一樣，爸爸也像朋友，媽媽和姊姊也像朋友，一家人能夠和睦相處真的很幸福。我從十三歲開始就很常寫詞，十六、七歲起就開始作曲。剛開始作詞的時候大概是國小四年級吧，從那時候就邊寫詞邊跟著國外的Rap唸。

G-Dragon 是天生的唯美主義者

Q 音樂歸音樂，但是對大眾來說G-Dragon是個有名的時尚指標兼美食家，似乎對美的認知特別出色。可以說說時尚對你來說是什麼嗎？

A 音樂和時尚是我表現自我的方法之一。只是音樂不像時尚那樣分成好衣服、壞衣服。而時尚就只是隨著我每天的心情把我的感性表達出來的方法之一，是一種能好好表現出我的方法，這就是我的時尚。但我並沒有特別喜好的名牌或品牌，我挑衣服的時候都是挑我有感覺、想穿的衣服。以前我也會覺得名牌好像更好，但現在只要是我覺得漂亮的衣服就會穿來搭看看，有沒有牌子都沒

---

[17] 由韓國 MBC 電視台所製作的兒童教養節目。

關係。尤其最近我很常做自己想要的風格的衣服來穿。

Q 雖然你說得很謙虛，但是G-Dragon的時尚感讓設計師、模特兒都佩服不已。這是如何辦到的呢？

A 媽媽從我小時候就常常在家親自做衣服給我穿，我從小就喜歡穿著顯眼的衣服，而媽媽做的衣服讓我可以表現這種感覺。所以我把衣服穿得很有個性，雖然稱不上是時尚，但從很早開始我就非常注重穿著。雖然我不是親自做衣服來穿，但只要我跟造型師說明哪種設計，他都能做出我要的感覺。現在也是多方嘗試，有時候衣服也會寫上我的名字。因為造型師真的都幫我做到好，我頂多也只是拿樣品給他，說明我要的感覺之後討論而已。加上我從小喜歡畫畫，有時候也會畫下來和他討論。

Q 很多人都想像G-Dragon一樣有時尚感，成為時尚達人，你能給他們一些建議嗎？

A 我覺得想要好好駕馭衣服，必須要先有自信。就算是第一次穿的衣服，也要有自信穿得不像第一次穿。不管什麼衣服都要穿穿看，這樣才知道自己適合什麼衣服。我們公司的人都把褲子穿得很垮，稍不注意就會很難看，因為會露出內褲來。可是若穿到成了習慣，就會變成自己的風格。體型因人而異，一定會有適合自己的線條和角度，只要持續穿就會找到適當的角度，找到適合自己的時尚。我也不清楚什麼叫做把衣服穿得很好，重點是適合自己。也要懂得什麼樣的場合和氣氛應該要穿什麼樣的衣服，如果你的穿著符合你所處的狀況和環境，那就代表你選對了，而這就是時尚感。

Q 有很多人都猜G-Dragon會成為設計師或以自己的名字建立品牌，未來有可能實現嗎？

A 我喜歡時尚，所以每年都會參加法國的時尚週。若未來條件允許的話，我也會持續參加。加上每次巴黎有大型的時尚活動，我都會收到很多邀請，也會開心地接受。但是問我想不想專門做時尚事業，這我還不清楚。因為我很了解在一個領域裡要成功是多麼困難和辛苦的事。我真的很喜歡衣服，所以反而更無法開始。就像我從小就只踩著音樂這條路走到今天這個地位，我也可以猜到那些為了時尚拚命的人是如何走過來，才能獲得今日這般成就，所以我很難下定決心。

Q 據說G-Dragon也是有名的美食家，那麼你喜歡吃什麼呢？

A 我真的很喜歡到處吃好吃的東西，最近我喜歡吃壽司。只要有空，我的唯一樂趣就是去好吃的壽司店。不只到日本表演的時候，首爾也有很多很棒的壽司店，讓我覺得很幸福。我覺得我已經常吃到可以寫個「首爾壽司專欄」了，不知道是不是因為食材會隨季節變化而多元，到現在我都還吃不膩。我常去的每一家店都有它的優點，其中我最喜歡吃的是有青花魚的壽司。首爾大概有三家我常去的壽司店，每一家我都會給星星，評分標準就是餐廳的氣氛和整個菜色的搭配，最重要的是新鮮度。我要是去壽司店都會儘量坐在吧檯（料理師前的位置）吃，因為這樣就可以一一向主廚詢問每個壽司的種類，很有趣。也可以看到廚師在廚房料理的樣子。我為什麼會喜歡壽司？因為我挑選美食的第一個標準也是「美」。衣服也是一樣，我對看起來美美的東西都很有興趣，所以對我來說美感很重要。

G-Dragon 之於 YG，YG 之於 G-Dragon

Q 現在只要提到G-Dragon大家就會想到YG，一提到YG就會想到G-Dragon，好像YG和G-Dragon是密不可分的關係。請問你和YG梁玄錫的初遇情形是如何呢？

A 第一次見到社長是我十三歲的時候。那時YG還沒壯大，地下練習室和辦公室都還是租來的，而我和梁社長的因緣也已經超過十年了。如果大家對他的認識是來自《KPOP STAR》這類節目的話，應該很難想像當時他有多嚴格，也不太稱讚人。但是結了婚、有了小孩之後真的變得溫柔多了。如果是已經認識他的人都知道，其實他本來就很多情，熟了之後也會覺得他是位有趣的人，不但喜歡開玩笑，也喜歡捉弄別人。

Q 你曾經在某媒體訪問中將YG比喻成家人、視社長為親大哥，是哪些點讓你有這種感覺？

A 雖然現在我和家人住在一起，但有段時間我是住宿舍，和家人分開住。從小我就反覆過著在公司練習、回家就睡覺、然後又到公司練習的生活，之後以BIGBANG這個團體出道，由於要不斷和成員一起行動，所以宿舍生活也是最好的選擇。一天二十四小時都一起流汗、在舞台上表演，怎麼可能會不像家人呢？雖然最近和家人一起住，但是製作專輯的時候就等於住在錄音室一樣，YG的附設餐廳也讓我像在家吃飯一樣，總是誠心誠意地為我們準備，這點也大大發揮了讓人覺得像在家一樣的作用。梁社長相較於其他經紀公司的社長，真的花了很多心思讓旗下的音樂人在更舒適的環境下做音樂，並給予很多建議。我想可能是

因為社長也當過歌手，所以總是能理解我們的環境和不便之處，最重要的是他的信任，他會放手讓我們做事。小時候只覺得他很可怕，但過了二十歲後，偶爾也會像兄弟般一起喝酒，感覺很自在。社長對我們也像真正的家人一樣。

G-Dragon，他進化了

　　出道十年，G-Dragon仍然忙碌。不，應該說每一年他的身體就算分成兩半也不夠。在訪問當時，他也仍然一下出現在東、一下出現在西，神出鬼沒地活動不斷。即將在首爾舉辦個人演唱會的新聞一出，隔天就有號召數萬名日本歌迷的日本巡迴演唱新聞，接著隔天又聽到他在上岩競技場為同事歌手的演唱會站台。G-Dragon透過不斷的音樂活動和穿梭各種領域來證明自己的存在，有時候他是歌手，為了自己的巡迴演唱會設計舞台；有時候他又現身電視節目，讓資深電視人鄭亨敦坐立難安，發揮自己搞笑的綜藝感；但一下子他又在時尚秀現場出現，展現比專業模特兒更奪人眼目的時尚感；接著某一天，他又在錄音室裡熬夜製作新音樂，展現他頂尖製作人的一面。雖然至今G-Dragon的成就非凡，但也讓人更期待他日後的成就，因為他正不斷前行。

YG Story

選擇、專注、同中求異

03

彼此尊重、
照顧

> 製作和經營分工的判斷是對的,讓兩
> 兄弟在各自的領域發揮專長,也是
> YG 有今日成就的最大關鍵。

　　YG捧紅了自Jinusean到2NE1等藝人和團體,同時也奠定其大型經紀公司的地位,這肯定歸功於堪稱YG核心的梁玄錫的能力。但草創期時戰勝重重困難,為了讓梁玄錫能盡情企劃自己想要的歌手,在背後給予物質與精神支持的梁民錫也一樣功不可沒。

　　因為哥哥一句「待在身邊就好」,讓梁民錫加入MF經紀,從YG的大小事開始做起,到現在已經漸漸成熟。哥哥負責製作、弟弟負責總務,YG在這樣的結構下不斷發展,自然而然也分成了製作和經營兩部分。哥哥在製作上扮演重要的角色,弟弟也努力耕耘經營,YG才能成為第一間製作和經營分工的娛樂經紀公司。

　　梁民錫說,其實2003年公司差不多穩定了,那時曾想過辭職。

　　「賢經紀失敗後,哥向我伸手希望我能待在他身邊時,我拒絕了,但苦惱了三天,我改變了心意。為了最小的哥哥和家人、為了大家的活

JYP 朴軫永和我身邊的人很常說，他們羨慕的不是我的名譽
和金錢，而是我有個好弟弟。因為民錫都會做到好，讓我可
以專心在歌手和音樂的工作上。所以對我來說，他永遠都是
最堅強的後援、監護人和得力助手。——梁玄錫

路，我這一路都很認真。到了2003年，YG已經開始穩定，我也曾經考慮是不是該離開公司走我自己的路。畢竟那時的我還年輕嘛。」

但梁民錫說他走不了，因為他在公司扮演重要的地位，也對此產生了責任感。

「我覺得我的責任感越來越大。2002年公司的狀況不佳，我跑去小時候常去的三清公園找朋友抱怨，抱怨要經營一家公司有多辛苦，甚至還說要是YG的預付款都還清、公司也上軌道後，我就要去給某人當隨行司機。現在那位朋友還會吐槽我，叫我趕快去當隨行司機，但這也證明YG能走到今天，真的經歷太多苦難了。雖然一開始是為了家人和哥哥，但2004年以後公司開始上軌道，支撐我的就是一份責任感。先撇開錢不談，只有我一個人從哥哥用血汗開墾出來的YG脫身，未免也太不負責任。」

於是梁民錫繼續留在公司，至今仍負責YG的經營。那麼，為什麼梁玄錫會叫弟弟留在自己的身邊呢？對於這個問題，梁民錫前面也提到，梁玄錫認為賢經紀之所以會失敗的原因之一，是因為完全不懂怎麼打理公司內部，而指定要自己來負責這件事。如此認為的梁民錫想得沒錯，梁玄錫說：

「我們是三兄弟，上面的哥哥和我差了六歲，代溝太大了。所以不管怎麼樣和弟弟相處的時間都遠比和哥哥相處的時間多。由於父母做的工作一樣，早上8點左右就煮了飯出門，弟弟和我放學回來後，就一起洗衣服、做飯來吃、換炭火、一起玩，從小學到高中我們都一直住在安國洞的家。但是我們兩個的個性差太多了。我從小就是到處打破鄰居家窗戶的闖禍大王，而弟弟總是幫我擦屁股的那個人。有時想想，弟弟好像從小就扮演著媽媽的角色。我剛開始跳舞的時候沒錢學舞，但是弟弟卻把他一點一點存在銀行的壓歲錢給我當補習費，所以我才能學舞。他

現在都說『那時候我是在投資你。』我跳舞時穿的運動服也都是他用攢下的零用錢買給我的。」

　　從小梁玄錫便看出弟弟的個性，認為他一定能負起照顧自己和公司的責任，而他的判斷也沒錯，負責經營的梁民錫為了哥哥和公司，只要是必做的事，一定赴湯蹈火。

　　「如果我判斷是公司營運上得做的事，就一定會出面處理，因為玄錫只要投入製作，就會不分晝夜地在錄音室工作，為了不打擾他作業，我會盡力做好我該做的。無論如何我都會努力讓公司的資金流轉順暢，就算是借錢籌措營運資金，我也不會跟玄錫說，而是自己向別人低頭籌錢。要是顧慮東顧慮西，斤斤計較，最後只會一事無成。」

　　因此梁玄錫才得以心無旁騖地專心企劃和製作。但是不管關係再怎麼親，只要一起工作總會遇到始料未及的事，一不小心就會傷害彼此而漸行漸遠，就算是家人也無可避免。「你是我的家人，怎麼可以這樣？」反而因為一些瑣碎的事而傷了感情，加上製作和經營的切割，兩人互看彼此的立場也不同，什麼時候該投資，也會有不同的意見。兩人從未因此發生過摩擦嗎？根據梁民錫所說，兩人幾乎沒發生過這種事，因為「彼此尊重」。

　　「通常玄錫在製作時要做什麼事，我都會排除萬難盡全力支援，遵從他的做法，因為我知道他都已經為我想好了。自從我參與這份事業起，我們從來沒大吵過，也不曾意見對立。因為我尊重他的意見，他也總是體恤我，所以我們才能走到今日的YG。我並非音樂方面的專家，只能以一般人的眼光和立場看待YG所企劃的內容，雖然我曾表達過我的意見，但是關於內容製作等我一概不干涉、也不多說話，因為我相信他的能力。反過來，他對公司確切有多少員工、固定支出有多少或銷售規模

大小，一點也不感興趣。我覺得不是他不關心YG的經營，而是放心把公司交給我，也因為這樣我倆才不會起衝突，更別說是意見相左。內容開發上他會和出色的音樂人及有才華的製作人商量，也一直都做得很好，我只要全面支持就行了。而經營管理則是由我來決策，但對於會影響公司未來的提案，例如建議公司上市等重大決策我們還是會一起商量，他在這部分還是有很重要的影響力。」

結果製作和經營分工的判斷是對的，讓兩兄弟在各自的領域發揮專長，也是YG有今日成就的最大關鍵，但梁民錫謙虛地表示：

「其實我並不覺得公司成功是因為我，只是很幸運地能在YG的草創期，為遭逢經營困難的公司奉獻一己之力罷了。我其實是個門外漢，根本不懂經營，但卻有很多幸運降臨在我身上。」

對此，梁玄錫有不同的看法。對他來說，弟弟梁民錫是最堅強的後援、監護人和得力助手。

「JYP朴軫永和我身邊的人很常說，他們羨慕的不是我的名譽和金錢，而是我有個好弟弟。雖然俗話說弟不如兄，但在我看來，除了一個領域之外，其餘的弟弟都比我強。因為除了我所做的演藝圈這行，所有家裡的大小事都由他一手操辦。像歌手的合約或金錢問題、行政問題、交際問題我一概不管。因為民錫都會做到好，讓我可以專心在歌手和音樂的工作上。所以對我來說，他永遠都是最堅強的後援、監護人和得力助手。」

所以說，都是因為兄弟間的「信任和關照」才能順利打造堅不可摧的YG。兄弟間的友愛也可以說是YG Family的基礎。兄弟間的彼此信任、照顧，這樣的家族精神也超越了他們的私人關係，延伸到了公司經營，形成了YG的整體氣氛。

通常在製作時要做什麼事，不管狀況如何我都會不惜盡全力
支援，遵從他的做法，因為我知道他都已經為我想好了，所
以我們才能走到今日的 YG。因為我尊重他的意見，他也總
是體恤我。——梁民錫

將誤會降到
最低

公司必須確切告訴他們收入有多少，且不吝惜地建議他們怎麼經營這筆錢。像年紀比較小的藝人，也會在他們的同意下和他們的父母商量。

在訪問姜勝允時，他說還是練習生的他把之前存下來的錢花得快差不多時，剛好接了個廣告，廣告拍完的下個月公司馬上就把錢結算給他，讓他得以喘一口氣。其實現在的演藝圈還是一再地發生經紀公司和新人歌手或新人團體因為金錢糾紛而鬧上法庭，姜勝允的經歷對這個生態來說，是個新鮮的事例。

雖然前面也已經提過，YG一開始就致力於和旗下藝人維持透明的金錢關係，梁民錫說「這是一定要的」。因此到目前為止都還沒聽說過YG和旗下藝人有金錢上的糾紛。金錢透明化也是YG做得最好的事情之一，即使YG長時間經歷財務困難，甚至錢袋少了三百元還拿自己的錢來填，堅持乾淨地結算每一筆帳，這點的確值得借鏡。

和簽約者之間的結算原則都明示於YG的專屬合約書中，現在YG的

基本結算單位為三個月一季，分成1～3月、4～5月、6～8月、9～12月結算一次，並在每一季最後一個月的隔月支付。

「我經常向員工強調，會如何在經營面上幫到公司，就是將誤會降到最低。結算的時候藝人通常不知道細節，就算收入高也會因為不注意或不懂得怎麼理財就把財產給賠光，所以公司必須確切告訴他們收入有多少，且不吝惜地建議他們怎麼經營這筆錢。像年紀比較小的藝人，我們也會在他們的同意下和他們的父母商量。」

梁民錫在結算時，都會儘量建議藝人的父母和可以信任的會計法人一起討論。因為站在父母或成員的立場來想，這是減少彼此誤會和輕鬆雙贏的最佳選擇。

「簡單來說我推薦和公司以外的第三者，也就是和各領域的專家做第一次商談，並透過他們詳細地轉達給藝人或藝人的父母，因為他們可能會覺得公司是不是都只顧自己的利益，但為了讓他們拋下這些疑惑，公司除了透明公開所有結算和進行的過程，同時也願意接受和公司無關的會計師、律師來見證。這也算是YG的要領吧。人際關係很容易因為誤會而分裂、產生紛爭。當彼此站在不同的立場上時，若有第三方能從中協助，就可以把問題化小，以防引起糾紛。這也是美國娛樂經紀業的法律和會計服務發達的原因，我也正一步步將這套系統用在YG和旗下藝人。」

因此，當部分經紀公司和旗下藝人因為專屬合約的問題將演藝圈鬧得沸沸揚揚時，YG卻不用擔心會發生這種事，因為他們的標準已經和公平交易委員會所提供的標準合約書相同。

「經紀公司和藝人的紛爭大部分都起因於很小的誤會。其實藝人多半不諳人情世故，也不了解一般的生活狀況，尤其早早出道的年輕藝

人更是如此。雖然父母通常會幫他們打理，但他們也無法了解真正的內情。過去演藝圈對合約關係的認知的確低於一般常識，所以最後才會受到媒體的撻伐。當公平交易委員會公開標準的合約內容，裡面所提及的流程我都已經套用在YG上了。如果藝人和父母需要專家的幫助，我們也會提供支援；如果旗下的藝人想看帳簿，那些內容絕對都可以公開。因此我們真的都很慶幸公平交易委員會的做法，雖然對YG來說是現在進行式，但能夠明確地公開，也讓我們備感安心。」

所以說YG的經營是導入美國娛樂經紀先進的管理模式嗎？梁民錫這麼說：

「也不能說我就是嚮往西方的模式，一開始我想做的只是守護『梁玄錫』這個品牌，YG就是梁玄錫。我的覺悟是不拖累這個品牌和它的藝人，只要是人都會犯錯，但重蹈覆轍就會破壞YG的名聲。所以一開始我便嚴格規定，並將這些規定寫下來，煩惱該怎麼做才能把大事化小、使紛爭降到最低，而我也只是把這個過程中所獲得的經驗套用在經營管理上。」

此外，這麼做也能讓經紀公司和旗下藝人一起走得更久。

「我拿BIGBANG這組長壽團體當例子，他們出道快十年了，而這組人氣團體連小小的內部爭執都沒發生過，可以說是非常罕見。BIGBANG之所以能成為最頂尖的團體，也是因為每位成員出色的實力和認真努力的結果。但是他們能維持近十年來第一的地位，其背後的原因來自於YG默默地為他們煩惱音樂以外的事，不讓外部因素擾亂他們。我認為很多人氣團體之所以會在全盛時期解散或有不好的結局，都是因為團體內部的矛盾、團體和公司之間的意見衝突。因此，若是公司想和優秀的歌手和團體長久走下去，不只是製作方面，經營的角色也很重要。所以我的

邏輯是，當成員之間或公司和自家人之間等內部的紛爭因子降到最低時，等同於經紀公司性命的歌手生涯才能跟著長壽。我覺得BIGBANG的五年合約第一次到期時，並非平白無故選擇繼續留在YG，他們自己認為這裡就是他們的出發點，YG現在也仍持續成長。我的角色就是在公司和旗下藝人之間搭上堅固的橋樑，這也是我的經營目標——幫助BIGBANG和BIGBANG的家人長久作為YG Family的一分子，延續這份緊密的感情。」

　　換句話說，就是把公司和旗下藝人的關係當成走一輩子的夥伴，而非單純的商業合作關係。這也是為什麼YG能和旗下藝人或藝人的家人維持圓滿的關係。我們常說親兄弟明算帳，身邊多得是即使關係再親，也因為金錢的問題一夜之間反目的例子。YG為了防患未然，一開始就先把錢的問題處理清楚，一起煩惱所有的事並給予協助，並非嘴上是「一家人」而是努力成為真正的「一家人」。梁玄錫說梁民錫的角色和「媽媽」一樣，我想原因也在此，他很早就看透弟弟的能力。因此看來梁玄錫不只擁有製作人的能力，還能做到適才適所，也說明了他充分具備公司老闆的特質。

　　梁民錫希望這樣的體系不只在YG實現，也能落實到其他經紀公司。這樣才能長久維持和旗下藝人的關係。這並非單方面為了旗下藝人或經紀公司的成長，而是為了讓雙方一起成長的權宜之計，也是我們常說的雙贏（win-win），梁民錫也對YG的這套體系非常有信心。

　　「不管是哪家經紀公司，若是旗下藝人或公司規模想要成長，就一定需要這樣的系統。偶爾和藝人的父母見面或吃飯時，聽到他們的一句『謝謝』，就讓我更加確信YG所採用的經營方式是對的。」

選擇、專注、
同中求異

即使 BIGBANG 剛出道，公司狀況
不比現在的時候，還是會儘量推掉頒
獎典禮的表演。因為身為一個製作人
的首要任務，就是打造一個好的舞
台。

2009年初BIGBANG發行第二張正規專輯《Remember》，並以
〈紅霞〉蓬勃地進行打歌活動。這時某入口網站上傳了一則請願公告
「讓BIGBANG多上節目吧」。有趣的是，請願的對象不是電視台而是
YG。也就是希望YG能夠讓大家常常在電視上看到BIGBANG。果然不僅
一線電視台，連一般歌迷都知道YG旗下歌手鮮少上節目。

通常歌手出道、發行音源（或專輯）時，哪怕一次也好，都會極力
爭取在電視上曝光或讓大家多多聽到自己的歌曲，甚至上音樂節目還不
夠，連綜藝節目也要上，這樣才能宣傳得更好，人氣才會跟著上升。站
在歌手的立場來看，透過節目提高和大眾的接觸，就跟在舞台上奉送精
采的表演一樣重要。

對歌手來說，上電視是拓展事業的好機會，也是有利宣傳的手段。

只要站上一次無線電視的舞台，那天的音源下載量就會明顯增加，透過SNS或其他方法成為大家討論的話題。若是那天的表演讓人印象深刻，還有機會游移在各入口網站的熱門搜尋榜。這一切都和收入有關，只要是歌手、經紀公司的老闆，當然不會錯過任何機會，但YG卻反其道而行。

YG旗下的歌手就算發行音源或專輯，上節目的比重也比想像中少。連音樂節目都很少參與，更別說是綜藝節目。甚至年末的頒獎典禮或年度回顧舞台也很難看到YG歌手的影子，不只BIGBANG，2NE1一星期也只上一次。站在歌迷的立場，當然會要求增加上節目的機會。

但是YG的想法不同，隨著電視台的增加，若全盤接受所有節目的邀約，上節目的時間可能多至三、四次，甚至一天就要上兩、三次舞台，這樣從歌手到舞群、造型師、經紀人等工作人員都會跟著累到無力，這種狀態下如何好好表演給歌迷看呢？還有，最重要的問題是不專業的導播。梁玄錫說：

「優秀的燈光設備、專業的導播、攝影機各種角度的拍攝才能讓認真的歌手發光發熱。如果舞台沒有這三大要素的支撐，說真的，我絕不會讓YG的歌手上台。就算上了，除了無法滿足歌迷，就連歌手的評價也會跟著跌損。所以我也很久沒讓自己的歌手參加歌謠頒獎典禮。雖然YG現在才被外界認為是個有影響力的經紀公司，但是即使BIGBANG剛出道，公司狀況不比現在的時候，還是會儘量推掉頒獎典禮的表演。如果大家有看國內的頒獎典禮，不知道是不是主辦單位不專業，舞台狀態非常糟糕，甚至有些地方我都覺得丟臉到看不下去。與其把歌手送到可怕的主辦單位手上，倒不如和媒體關係差一點，用質感來一決勝負。我只是珍惜YG旗下的歌手，雖然很多人因此覺得我們自以為是、自私自利，

但我覺得身為一個製作人的首要任務，就是打造一個好的舞台。」

換句話說，上節目就要講求「表演的質感」。與其每次都讓大家看到半吊子的演出，不如用少少的表演一次滿足歌手和觀賞的歌迷，也能獲得大家的讚賞，留下更有意義且印象深刻的表演。但為了達到這樣的水準，歌手狀態和舞台條件都必須完美，頻率過高的電視演出和不專業的舞台反而會拉低這兩部分的水準。這是為了顧全大局，充滿YG哲學的一步棋。當然，電視生態的改變也是原因之一。

「其實不想上電視節目的原因還有一個。我覺得音樂節目對電視台來說，是個就算收視率再低，但收起來也不妥、不得已才留著的燙手山芋。說真的，我不喜歡現在電視台規劃音樂節目的方式，在『徐太志和小孩們』那時候，歌謠節目在晚上七點到八點播出，被編在黃金時段，這也說明它以前是個受歡迎的節目。但現在不一樣了，節目被移到了週末下午三點播出，這個時間點有哪個年輕人會待在家裡看電視呢？等於坐了冷板凳。節目收視率低，自然也不會有什麼廣告，所以製作費也少得驚人，於是只能不斷惡性循環。」

製作費少，花在舞台上的費用也就少，可是卻有超過十組的歌手要在這樣的舞台上唱歌跳舞，這樣能突顯每一組歌手的特色嗎？梁玄錫這麼說：

「最近拍一支MV也要兩到三億，可是花個幾千萬打造一、兩個舞台就要讓十五、六位歌手出場……但歌迷們不懂這種狀況，而歌手並不是在電視上露臉就好，要有好的舞台表演才能滿足歌迷。最近還有海外的歌迷在看，這點真的讓人感到可惜。歌手在一樣的舞台上輪流唱個一、兩首歌就走的歌謠節目，誰會為之瘋狂？這又不是什麼大學歌唱比賽。所以歌謠節目的收視率才會漸漸走下坡，大家都不看。這種音樂節

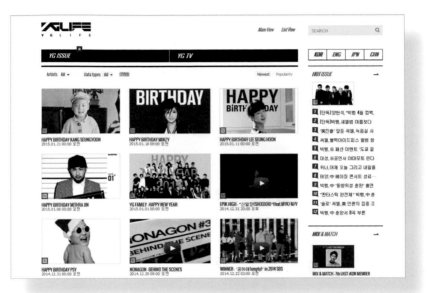

選擇、專注、同中求異，任誰都會這麼想，
但是「怎麼做」才是最重要的。YG 懂得思
考、判斷、尋找並實踐。有時候打破窠臼比
想像簡單，只要專注在對的地方，就能打開
新世界。而 YG 也證明了這一點。

目和我的音樂觀有一百八十度的不同，哪怕只是一次的表演，我也希望這場表演能讓大家發出『哇！好酷』的讚嘆聲。還好，至少還有一些電視台的歌謠節目和我有相同的看法，也努力做出好的舞台，所以我的歌手只上此類節目。」

因為這個理由，YG在合理的原則下調整旗下歌手的電視通告。不過既然決定上一次電視（選擇），就要為這次投注最大的努力（專注），打造獨一無二的舞台表演（同中求異）。因此，只要聽到YG旗下的歌手要上歌謠節目，都會讓所有人為之期待。當然，對想經常看到自己喜歡的歌手上節目的歌迷來說，他們都在引頸期盼，但是否也該支持YG愛護旗下歌手的這套哲學呢？那麼歌手們在準備的時候也會覺得充滿力量。

YG對電視節目採取選擇和專注的同時，也將注意力轉向新的行銷手法，就是利用YouTube。雖然現在仍是如此，但在2NE1出道當時，歌手還是相當依賴上歌謠節目來行銷。YG從BIGBANG開始就一直維持選擇和專注的原則，也是從那時候起就開始利用YouTube來行銷，也因為透過這個方式，即使BIGBANG和2NE1並未辦過海外宣傳，卻能擁有海外的歌迷。但YG是如何注意到YouTube的呢？梁玄錫果然充滿開創力。

「YouTube的擴散對我來說是YG的成長機會。YG不常讓歌手上音樂節目所以名氣也不高，畢竟那時候其他經紀公司和經紀人的等級，是以藝人上節目，的多寡來區分的，雖然現在的變化也不大。YG從BIGBANG開始就如此，到2NE1的時候也是一星期只上一次音樂節目《SBS人氣歌謠》，也因此被歌迷罵到臭頭。當時音樂節目的收視率還超過10%，但現在不過2～3%，這證明了歌迷欣賞歌謠的方式改變了。與其花力氣在到處上音樂節目，不如以質大於量的方式一決勝負。就算

只上一次節目，但要花更久的時間準備表演，衣服也要比平常更花心思。當那些影片在YouTube上公開時，我已經預料到海外歌迷會有多瘋狂。娛樂經紀最終還是靠品質來決勝負，而不是用錢來一決高下。觀眾要有反應才行啊！花了幾百億拍電影，不是靠幾百億來宣傳就行，最終決勝點還是口耳相傳。所以我們一週一次的表演，在和電視台的協議下，上傳到了YouTube。在那之前上電視的歌手影片是禁止被放在YouTube上的。現在我們開了個『YG Life』的部落格，把它當成一個頻道在經營。YouTube上也有YG專用的頻道。大概就是從那時候起海外歌迷開始大幅增加，加上YG的音樂不算完全的韓式風格，我們總是更快地與世界潮流接軌，所以也能吸引更多人。現在地球上找不到像BIGBANG、2NE1這樣的團體了，香港、台灣、泰國、日本、中國的歌迷為什麼會為他們歡呼？說穿了就是因為在他們的國家沒有這樣的歌手。我認為這就是我們的競爭力。」

不貪戀眼前的電視演出，而是放眼更寬廣的世界，沒想到有更大的市場在等著他們。為了讓更多歌迷看到那「一次」的表演，反而為YG帶來更大的世界。選擇、專注、同中求異，任誰都會這麼想，但是「怎麼做」才是最重要的。YG懂得思考、判斷、尋找並實踐，而獲得的成果也超乎預期。有時候打破窠臼比想像簡單，只要專注在對的地方，就能打開新世界。而YG也證明了這一點。

答案始終
來自於大眾

答案始終來自於大眾。做音樂就是要滿足大眾的喜好，如果為了教育大眾而過於前衛，那就只是自傲。

　　嘻哈是改變世界大眾音樂潮流的音樂類型，而梁玄錫則是讓嘻哈在韓國傳播並流行起來的代表人物，這是因為他對音樂的自信和毅力。他選擇了自己最了解也最擅長的領域，並努力讓大家看到不一樣的音樂。從這點來看，選擇、專注、同中求異不只用在宣傳和行銷上，YG的音樂命脈和骨架也可說是由這三點所組成。看著如此大膽追求與眾不同的梁玄錫，也有不少人覺得他「太固執」。但若深入了解就會知道，他並不固執。

　　認識梁玄錫之後，讓我覺得他是一位每天都在打破既定觀念的製作人。只要是音樂，他的思考方式就像果凍般有彈性且柔軟。而且優點是他不分競爭對手，只要對方有可取之處，他就會像海綿一樣快速吸收。所以就算是YG旗下歌手的競爭對手，但因成功地塑造獨創且標新立異的形象，梁玄錫也會不吝惜給予稱讚。最明顯的例子就是「Crayon

Pop」。

「我想給Crayon Pop一個掌聲。我認為能吸引大眾的歌曲就是最好的歌曲，並不是在音源榜上拿到第一就是好歌。大眾知不知道、有沒有歌迷才是最重要的。從這點來看，Crayon Pop的確成功了。」

其實YG創業以來，每次製作梁玄錫總是站在最前線指揮，推出符合時代潮流的歌手和歌曲，也帶來了成功。為什麼他能做到呢？是因為他天生的直覺嗎？梁玄錫這麼說：

「答案始終來自於大眾。做音樂就是要滿足大眾的喜好，如果為了教育大眾而過於前衛，那就只是自傲。音樂的好壞由大眾來判斷，我認為能引起大眾關注的歌曲就是最好的歌曲。這是我身為大眾音樂製作人所遵守且反覆咀嚼的鐵則之一。從舞台上隱退轉當製作人之後，我也常到夜店當DJ。因為和大眾互動的那一瞬間對我來說，才是生動的現場體驗和學習的泉源。」

YG的成功神話是因為他總是能敏銳地指出並反映時代的潮流和瞬息萬變的大眾胃口，雖然他說不能走在大眾前面，但是卻能準確掌握大眾的喜好。梁玄錫的自信和毅力就是來自於這份對大眾的信任。他強調了好幾次「音樂的好壞由大眾來判斷」，這也是YG在製作內容時的原則。所以他總是敞開耳目來掌握大眾的喜好。當《我是歌手》這個節目正紅時，梁玄錫也這麼說：

「音樂也跟時尚一樣有週期，他們會周而復始地流行。我在看《我是歌手》的時候，可以發現我們的歌謠界一直以來有多麼側重一方。看到許多優秀的歌手藉這個節目發光發熱，我真的覺得很開心。YG雖然都是像BIGBANG、2NE1這類的偶像歌手，但看到許多歌唱實力堅強的Solo歌手回歸，讓我感到無比幸福，並且真心歡迎。在這個偶像滿地的

世界，有各種歌手讓大家聽到各種不同曲風的歌曲不是很好嗎？」

　　大眾的喜好不斷在改變，而這些變化都事出有因，梁玄錫也非常了解這一點。因此身為製作人的他認為傾聽大眾的反應是理所當然的事，他說，大眾的冷漠最可怕。這是他從過去痛徹心腑的失敗所學到的教訓。雖然前面也提過，但他從Keep Six的失敗看清「只站在自己的立場上提高完成度，卻沒花更多心思與大眾妥協」。也就是說，這次的失敗是因為沒能讀懂大眾的心理。也因為這次的經驗，讓他總是豎起感應大眾反應的觸角。

　　多虧於此，YG才能快速對應這瞬息萬變的時代潮流。SE7EN的〈Crazy〉是YG第一次嘗試的數位單曲，因為YG已經預測到數位市場即將到來，這也是「數位單曲」這個名詞第一次出現，「迷你專輯」也是從YG開始的。隨著歌謠市場快速變化成以音源為主的結構，製作一張專輯既費心又費力，就算做了也不一定會賣，因此YG導入日本的方式開始製作迷你專輯。像這樣了解大眾的喜好而多方嘗試就是YG的作法。梁玄錫說：

　　「直接感受大眾的喜好並拓展新的道路是我的方式，也是我的習慣，不然就不有趣了。」

看得遠，
投得大

讓觀眾看到真正精采的表演、充實的內容他們才會回鍋，累積對我們的信任，這才是真正的 KPOP。

2003年2月發行第一張專輯的Bigmama，按計畫本來應該在翌年2004年11月發行第二張專輯，其實當時為了配合這個進度，專輯的準備和錄製都已經完成了，但Bigmama的成員卻喊卡。她們聽了最終成品，都覺得未達她們認為的水準，不過她們的音樂一直都很出色，未達水準只是她們自己的說法，而先聽過的人和她們的評價截然不同。但是YG接受了她們的意見，把已經錄好的專輯全數銷毀，決定重新來過。當然，之前所投注的製作費也付諸流水，對歌手和經紀公司的形象都造成打擊。結果梁玄錫很乾脆地就答應了，因為基於對旗下歌手的信任和感情以及他對音樂的自信。於是重新製作的第二張專輯《It's Unique》花了近一年半的時間，最後在2005年5月才發行。Bigmama的第二張專輯在激烈的競爭中仍創下超過二十萬張的銷售紀錄。

梁玄錫以不惜砸重金提高作品完成度而聞名，一張專輯常放入二～

YG 總是追求史無前例、全新、同中求異、完成度高的內容，從不抗拒走上別人沒走過的道路。即使開拓一條新道路並不簡單，且需要更多投資，也有更多風險。

三首主打歌，一支MV投個幾億下去，不管花多少錢，只要能做出大家都肯定的作品就萬事OK，這就是梁玄錫的哲學。雖然他花大錢打造Keep Six的失敗曾讓他大受打擊，但內容品質優先的梁玄錫式哲學卻始終如一。不過這套哲學卻讓負責資金管理的梁民錫在YG草創期吃盡了各種苦頭，但基於相信哥哥的才能，他還是二話不說地到處籌錢。

除了費用，YG若花很多心血在製作上，就必須耗費很多時間，因此旗下的新人可能會延後出道，歌手的專輯也可能推遲發行，讓心急如焚的歌迷總是抱怨連連。但不只是歌迷，公司內部也會不斷要求趕快完成，畢竟以長遠來看，時間成本的投入也關係著花費和收益。

有新的歌手誕生或製作、發售新專輯，公司才會有資金流，才能有錢再投資。但是費用還是照常投入，時間也同樣在消磨，站在等待的人的立場上只能乾著急。而站在梁玄錫愛護旗下歌手的立場上，這也是無可奈何的事。因為他絕不會讓自己珍惜的歌手拿著不成氣候的作品出來。

「只有做出好內容時大眾才會響應，這是永遠不變的道理。因為受大眾肯定的歌曲並非單純只按時間、日期，三兩下就可以做出來，所以在製作時，時間總是越拉越長。如果只是為了遵守和歌迷的約定而衝刺，絕對不是難事。說真的，YG現在有得是優秀的製作人，只要有心，一個禮拜也能做一張專輯。但是太陽的專輯就花了四年，WINNER的專輯也延了六個月以上，這都是因為要做出『我』還有『YG』都能滿意的結果。這樣誠心誠意做出來的專輯大眾才會理解，並非只是壓個片就回歸、出道，做音樂的人又不是什麼壓片廠。」

其實站在經營公司的立場上，不斷投入資金且無限期地等待做出完成度高的作品，風險太大了。成功了倒還好，萬一失敗，公司的各種計

畫就會受到阻礙。不過，是因為精誠所至嗎？YG在這種哲學下所製作出來的作品總是遠遠超越大家的期望，而收益也遠遠超越當初等待時所投下的時間和金錢。或許是因為這些經驗，梁玄錫才會總是把眼光放得很遠。

　　現在YG只要做一張專輯就會拍三、四支MV。通常拍攝一支MV大概需要兩億五千萬到三億元左右，若是拍個三、四支，光MV製作費就要十億元上下，和過去一支MV只花個一億截然不同。因此，以梁民錫為首的經營團隊經常為此感到不滿，但梁玄錫總會這樣說服他們：

　　「不要單只計較這張專輯的損益，考慮到不只是韓國歌迷會看，海外的歌迷也會透過YouTube來看，而我們要計算的是這兩者所產生的共同利益。」

　　也就是不要只看當下，要看得更遠、更大。靠著這種豪賭卻豐收的「梁玄錫賭博法」，至今仍保持90%的命中率。因此到目前為止他都還沒做過絕對賠錢的生意。2013年4月G-Dragon的第一場世界巡迴演唱會燃燒了整座蠶室球場，這場「2013 G-Dragon世界巡迴：ONE OF A KIND」也是梁玄錫賭博法的成功案例之一。

　　「2013 G-Dragon世界巡迴：ONE OF A KIND」光是製作費就投入了三十五億，梁玄錫秉持他一貫的理念，認為「最好的明星就是要配上世界級的工作人員才會產生相乘效果」，於是砸下大錢和Live Nation簽下了世界巡迴合約。Live Nation這間經紀公司曾負責瑪丹娜、Lady Gaga等世界級流行歌手的演唱會。陪襯G-Dragon的舞群、樂隊等藝術家全都擁有一流的才華，五十多件的舞台服裝也都是為G-Dragon所特製。

　　雖然大部分的評價都是，就算是G-Dragon，但一場世界巡迴光前

置作業就花了三十五億是不是太勉強了？結果卻好得推翻這些評價。現場的記者寫下「讓人目不轉睛」的評論。G-Dragon的演唱會投入了韓國史無前例的超大規模製作費，吸引了一萬三千多位歌迷並成功落幕。也有評論者說，這場表演將KPOP的品質又再拉上了一個層次。當然，若是只看國內觀眾入場的收入，這天的演唱會讓YG出現赤字了，但作為進攻全球市場的世界巡迴演出，每次結束時所帶來的利潤都遠遠超過YG事前投資的三十五億。

這就是梁玄錫式的損益計算兼賭博法。

YG總是追求史無前例、全新、同中求異、完成度高的內容，從不抗拒走上別人沒走過的道路。即使開拓一條新道路並不簡單，且需要更多投資，也有更多風險，但這些努力都是為了帶給旗下音樂人一個新的時代、新的未來和另一次機會。至今仍始終如一的YG日後也不會拋棄「看得遠，投得大」這樣的膽識，因為這就是YG的戰略。

絕不戀棧眼中
看到的數字

> YG 召開公開說明會時，幾乎所有的
> 證券公司都到場了，透過這場說明
> 會，選擇了大宇證券，並花了六年的
> 時間準備上市。

　　2004年年中到2005年初，韓國KOSDAQ掀起了一股借殼上市
（back door listing）的風潮。借殼上市是指不屬於股市上的私人控股
公司合併已上市買賣的公司，透過股份轉換、第三者配股有償增資（增
加實收資本）等活動取得經營權之後，再推開原本已上市的企業達到上
市的結果。據說當時這種方式比按照正式上市流程的直接上市更容易賺
大錢。

　　那時娛樂經紀業界也吹起了KOSDAQ借殼上市的潮流。大家都抱持
著只要借殼上市就能成功的幻想，實際上也真的有很多公司抱著分一杯
羹的心態採取這個方法。當然也有很多人和公司經常拜訪YG，提出借殼
上市的提案。從Jinusean、1TYM到輝星、Bigmama、SE7EN，連續培
養出許多明星的YG，可以說是娛樂界的潛力股，對當時專門推動借殼上

市的那些人來說，YG的確很有吸引力。但是梁民錫對借殼上市這個詞感到很陌生，只覺得所有提案都很怪。一味地強調優點，反而讓人難以信任。

「我聽說那是募集投資者的錢，並利用合法的資本法則簡單賺錢的方法。當時那些人一直強調簡單賺錢這點，我也聽了不少傳聞說好幾家公司靠這種方法賺了大錢。還有超過一百個地方聯絡我們，說YG才是最應該先借殼上市的公司，而且用這個方法一定能賺大錢。但是他們的說明卻愈聽愈讓我感到懷疑，他們信誓旦旦地說可以輕鬆數鈔票、絕對會大賺一筆，但這和我的個性不合。雖然有錢很好，但我強烈覺得要是YG這麼做，絕對不是件光明正大的事。」

還有人向YG保證，只要決定了就保證賺進一百億。雖然提議誘人，但梁民錫卻覺得愈是花言巧語就愈要小心。

「大概開過一、兩次會，我就和他們斷絕來往。那時候我就下了個判斷，『既然YG現在不借殼上市，還能怎麼做呢？那就直接上市吧！』」

那時候公司並未成長到足以直接上市，但是到處都在叫YG不要考慮太多，一定要借殼上市，被勸怕了的梁民錫乾脆下定決心挑戰直接上市。還有另一個原因是，除了當時和旗下歌手續約需要一筆大錢之外，還從創投公司那裡得到一筆定額的投資，之後的過程可說是不簡單。

「當時簽了一個可贖回可轉換優先股（RCPS）的合約，條件是如果對方要求償還，我們就得還錢，如果公司運轉順利，就轉換成股份給我們。但是接受投資後，公司得花非常大的力氣管理，必須先計畫所有資金的運用，並分享、報告給對方，經歷了一段備受控制的『同居生活』。由於當時無論如何都想和某歌手續約，於是為了募資而接受投

資，但卻又讓我感受到了繼預付款以後，用別人錢的恐懼。因此，我又徹底學到什麼是經營管理。」

梁民錫評價這次的經驗相當有意義，他認為這是YG決定上市且順利推行的關鍵契機。在接受創投公司投資後，每季都要報告資金現況，常有只要發生事情就召開理事會或股東大會等小公司拍板定案的情況。這是前所未有的經驗。這時候接受投資的經驗和訓練，扮演了讓YG更上一層樓的跳板，對梁民錫來說，是他成為上市企業CEO前充分的事前訓練。

「當然是重量級的訓練。最後決定上市的時候，我還對理事長說：『我的經驗已充分具備經營上市公司的水準了。』那時候我養成了計畫每一季並報告過去實績、和投資者共享公司營運狀況的資料、將公司狀況透明公開的習慣。當我告訴身邊的人說YG決定直接上市的時候，也有幾個認識的人勸說『上市很麻煩，有很多事情要煩惱』。但是接受創投公司等外部投資的訓練，讓我覺得準備夠了，我已經累積好上市後要如何經營的經驗。」

此外還有一件事，讓YG決定直接上市。

「其實YG也到了擁有充分資金進行更大的事業、全新的挑戰的時機，而能夠穩定支援公司的唯一方法就是上市。」

可是當真的決定直接上市時，梁民錫才發現自己一無所知。該怎麼直接上市呢？他仍是老話一句，去找認識的人。

「於是我開始追著那些在汝矣島證券公司上班的朋友。最先聽到的建議是，先選一家證券公司當上市顧問。所以我便雇用了能夠幫忙處理這件事的個人顧問，並邀請了六家證券公司向我們進行公開說明會，要求他們告訴我們，如果YG直接上市，要經過哪些程序。」

公開說明會幾乎所有證券公司都到了，透過這場公開說明會，YG選擇了大宇證券作為承銷商。不過選擇大宇證券的理由挺有趣的。

「當時之所以選擇大宇證券是因為它提的發行價格最低，而且對YG的成長展望抱持最不樂觀的態度。」

這倒怪了，竟然選擇一家發行價格提得最低，且對公司展望不樂觀的證券公司當作承銷商？這是一種逆向思考的概念嗎？梁民錫的回答如下：

「撇開證券公司的排名不談，我覺得不能一味只說漂亮的那面，提出各方面的風險反而更值得信賴。」

就這樣YG和大宇證券聯手，按梁民錫的風格一步一步從基礎學起，花了六年的時間才準備完畢，2011年11月23日YG終於成功在KOSDAQ上市，成為繼SM之後第二個成功上市的歌謠界經紀公司。當時，YG在正式上市前所進行的初次公開發行（募股）就湧入了共三兆六千億元的鉅額市場資金，不但震驚歌謠界，也震驚了證券業。這一切都歸功於身為YG的實質首長兼代表製作人梁玄錫的領導能力和才能，及梁民錫的誠實和耿直，不管遇到什麼困難都能讓公司的資金保持暢通，讓公司得以製作出色的歌手。

雖然緒論已經提過，YG現在的市價總額為七千零六億（以2015年2月2日收盤價為基準），是在KOSDAQ上市的一千零六十三個企業中排名三十的企業，但梁民錫並不戀棧於這些數字，股價壓力是別人的事，因為他有一項徹底的原則。

「只要我拚盡全力了，就不會有股價的壓力，經營者之所以擔心股價是因為他沒做好公司的營運，被人罵了才拿股價當藉口。與其花時間擔心股價，我總是在煩惱該怎麼樣才能讓YG發展得更好、更活躍，哪怕

只是小小的貢獻。畢竟我也無法隨心所欲地控制股價，雖然YG的股價愈高愈好，但那實際上不是玄錫也不是我的錢，只是眼裡看到的數字罷了，所以我們從不花多餘的心思在市價總額或股價上。」

也因為梁民錫堅守這項原則，YG才能在無數娛樂經紀公司的興衰中，一直茁壯成長並擴張耀眼的事業。

YG Family
Interview ③

挑戰零極限的歌手
—— CL

個人特色和哲學鮮明的女人，CL

2013年2NE1的成員兼隊長CL發行了單曲，專輯名稱叫做《壞女孩》。應該滿多人會歪頭想「怎麼會有女團成員的單飛專輯取這種名字？」但了解她的人和歌迷則是點頭稱道「果然是CL」。於是我曾問CL，為什麼要取這個名字當專輯名稱。

「『壞』不是指狠毒，是指帥氣的女人。『Bad』這個字在美國俚語裡的意思不是很接近『帥氣』的意思嗎？基於這點，才把專輯名稱取為『帥氣的女人』也就是『壞女孩』。」

韓國有哪個女團的成員敢這樣抬頭挺胸地說出自己的「哲學」，把專輯名稱的由來說得如此詳細？CL就是有這種能力。

出道後，她從未努力想裝可愛，也不會特別打扮自己，總是始終如一。在大眾面前完整地呈現她之前所做的準備，而大眾愛的就是這樣的她。

藝人CL是代表YG的女子團體2NE1的隊長兼發行了好幾張單曲的女音樂人，她引領了各種時尚和潮流，她鮮明的個人特色和哲學也刻劃出了新時代女性的風貌。身為一位代表性的人物，她受到了許多人的喜愛，現在就讓我們和她見面，聽聽她對自己的人生及音樂的故事吧。

身為 CL 的人生，身為李彩麟的人生

Q 聽說妳小時候在國外住了很久，尤其是日本。可以說說那時候的事情嗎？

A 我在日本一直住到十二歲，當時爸爸在筑波大學工作，之後也曾當過交換教授。之前拍《2NE1 TV》的時候曾回去那裡的幼兒園，覺得很陌生，只記得有一間教室、一扇窗，和「哦，我以前坐在這裡玩過」，還有讓我印象深刻的是和瓢蟲、青蛙一起玩的回憶。筑波的自然環境很好，瓢蟲特別多，我還記得爸爸常跟我說不要怕，「瓢蟲是妳的朋友啊，牠是穿著點點裝的大嬸」，有時候還會突然跑出像豆子一樣的蟲子。總之我記得那時候經常跑來跑去。現在回想在學校念書的時候，幾乎不曾念過超過一百人的學校，大家不論年紀、男女都是朋友，可能我有點男孩子氣吧，大家都一起玩，有一股正面的傻勁。

Q 那麼妳應該對在韓國的童年沒什麼印象？

A 怎麼會沒有。每次放假都會回來韓國，在外婆家和家人一起待上一、兩個月再回日本。我對那時候的回憶記得一清二楚。大概是我四、五歲的事了吧？到現在外婆還是會提起。我會自己去上幼兒園，拉著鄰居姊姊跑來跑去，還分貼紙，您知道女生們蒐集的那種貼紙吧？到遊樂場玩的時候，就和男生們一起追趕跑跳，總之那時候和鄰居小孩們都很熟。我生日的時候，還寫了一張「我生日」的紙條貼在人家大門口，邀請了一堆人，讓外婆覺得很困擾。我們還會聚在一起撿垃圾呢。到現在我都還記得紫谷洞的事，但那裡變了好多。那時候有個地方叫做Motgol村，有一間幼兒園和超市，有住宅區，還有山。家人也說我自己會去爬山。但現在都已經開發了，連路在哪裡都搞不清楚了，很可惜。

Q 可以說說妳的父母嗎？聽說成就現在的CL是因為背後有位「偉大的母親」，妳的媽媽是一位什麼樣的人呢？

A 我的父母都不是等閒之輩呢。因為爸爸一直都很忙，所以我們無法常常在一起。但只要他在我身邊，就一定會讓我度過一段寶貴的時光。從小爸爸就讓我過得很自由，即使他是一位教授，但仍堅持穿著牛仔褲和T恤，我們家甚至沒有電視和沙發，我到其他朋友的家裡才知道我過得和一般人不一樣。爸爸總是用行動來告訴我應該如何看這個世界，不只是說說而已。我的媽媽，現在想想她真的很偉大，她跟了爸爸之後就包容他那種自由又藝術家性格的一切，我長大後才知道這其實是件不簡單的事。我看以前的照片，發現媽媽年輕時有她獨特的時尚，可是遇到爸爸之後就開始穿牛仔褲搭T恤配球鞋。我想那就是她接受爸爸所做的改變吧。媽媽在很年輕的時候就遇到爸爸並懷了我，或許是因為這樣，我和媽媽就像朋友一樣。我們每天都會聯絡。媽媽、我和妹妹，我們就像朋友一樣，所以小時候總覺得不需要另外交朋友。

為成為世界級音樂人而努力

Q 講到CL，大家的感覺是「住在國外很長一段時間，但是韓語又說得很流利」。所以給人的印象是「國際感」和「外語很強」。但妳要怎麼維持韓國的傳統和國際感之間的平衡呢？

A 因為長時間住在國外，所以沒有接受過正式的韓語教育，但是父母都會很自然地教我說韓語。家人之間就說韓語，偶爾畫畫的時候他們也會在我的筆記本上寫韓語。可是我進了YG之後，發現應該要好好學一下，所以出道前一年半的時間，我就通過了三個檢定考試。小學、中學、高中課程，大概六個月就完成一個階段吧。但是大家看到我都說「幹嘛念那個啊？」「妳要上大學嗎？沒有

的話好像也不用這樣吧。」可是這無關我要不要繼續念書，我只是為了讓我自己抬頭挺胸，是我想考才考的。在日本念完幼兒園後，從小學起就在日本上美國學校。雖然日本也有很大的外國人學校，但是我上的學校大概只有二十個人左右。我很慶幸那時候上了那所學校，認識了各個不同人種的朋友，有印度人、非洲人、拉丁人，各種人種都有，所以我對人種並不帶任何歧視。也因此小時候辦生日派對或去朋友家玩，還能接觸到各種不同的傳統和文化。

Q 妳在歐洲生活過一段時間，那時候是自己去的嗎？

A 我回來韓國一陣子，念了一、兩年美國學校後，去上了韓國的法國學校，後來就到巴黎念書。一直都跑來跑去的。媽媽說英文也會了，日本文化也了解了，問我要不要試試其他地方，於是就到法國去了。那時候是我自己去的。我在巴黎待了兩年左右，也因為當時住的是寄宿家庭，所以很快就能了解法國是什麼樣的地方。在那裡我看到很多留學生都不學外語，上了一間很大的學校，但是亞洲人都跟亞洲人在一起，而且很多人是不用外語交談的。我很高興住在寄宿家庭的我不會這樣，能夠吃到那裡的食物、感受那裡的生活方式，讓我覺得很開心。我真的很幸運，去到最平凡的寄宿家庭，遇到很好的人，在那裡過得很開心，我看有些人還需要換寄宿家庭呢。當時我學的是日文，妹妹學的是中文，在青春期的時候很容易陷入混亂和苦惱之中，回到韓國的時候覺得自己不屬於這個文化，到了國外也只是亞洲人，我們都叫自己外星人。雖然很多人羨慕我們，但親身經歷後，也常為這件事情感到苦惱。別人覺得會說多國語言是優點，但其實我們是很不安的。

CL 那些可愛又夢幻的朋友

Q CL在人脈方面很有名，尤其和美國的知名服飾雜貨品牌Chrome Hearts有著特殊的緣分，請問妳是如何認識他們的呢？

A 會認識Chrome Hearts真的純屬偶然，在1TYM讓這個牌子在國內變有名之前，我就已經很喜歡穿戴這個牌子的東西了。我在進YG之前曾一家人到香港旅行，那時候我跟父母說：「小東西我都不買，只買一個Chrome Hearts。」因為Chrome Hearts真的很貴，所以我就在香港的店裡買了一件帽T。當時YG裡大概也只有Teddy知道Chrome Hearts這個牌子吧。有一次2NE1錄音的時候，我就穿了在香港買的Chrome Hearts帽T，Teddy看到了就說：「妳知道這是什麼嗎？」我就說這是我喜歡的牌子，結果他就說「很有眼光嘛」，讓我覺得很開心。我之所以這麼喜歡Chrome Hearts是因為它的獨創性，Chrome Hearts這個工廠是由一對夫妻所開設的，我在美國拍寫真的時候也曾拜訪過他們，和他們聊了天，發現他們很有匠人精神，看到他們在一個領域裡投注自己的熱情和愛，讓我深受感動，和我很合得來。Chrome Hearts老闆的女兒Jesse Jo Stark和我同年紀，我們有很多共同點。雖然她在這麼富裕的家庭長大，但她很純真，我們無話不談，常常聯絡。她第一次來韓國的時候，就說我們一起唱一首歌吧，於是就在百貨公司即興表演了起來。就像Jam（即興演奏）一樣，就是好玩而已。Jesse Jo Stark就像我其他的外國朋友一樣，我們會聊各種大大小小的事。而且Chrome Hearts也不像「這一切我都要讓我女兒繼承」的感覺。女兒從小看著爸爸媽媽工作，自然也對設計工作產生興趣，媽媽要是喜歡女兒做的東西，也會拿來穿並稱讚她，就是一切順其自然，任由她自己去做喜歡的東西，而非要求她負起責任繼承公司。所以Jesse

Jo Stark才會打開心門，漸漸有了想要繼承公司的意思，是個很健康的發展過程。

Q 聽說妳和美國當紅的天才設計師Jeremy Scott的緣分也很特別？

A 最早認識Jeremy Scott是因為〈Fire〉的MV。當時我們穿的鞋子就是Jeremy Scott設計的，而且他在YouTube上看到，還想說居然有這組團體，於是就飛來韓國。我們是在韓國一起拍寫真的時候變熟的，我第一次看到他，就覺得他會是「我的人」。那時候我十八歲，而他和現在一樣是莫西干風格。第二次見面我們一起吃飯，還在錄音室和Teddy、BIGBANG一起見面，那是我第一次和國外設計師這麼親近。Jeremy也是一個很有愛的人，從以前就很關心我，現在他就像姊姊（？）一樣，我們無話不談。從小我就和大人很合得來，所以我相信所謂的「精神年齡」（soul age）和真實世界所計較的年紀沒有任何關係。我喜歡和大人見面，聽他們說那些人生故事，我覺得很有趣。Jeremy的人生也算是波瀾萬丈，我很喜歡聽他講那些事。他在Karl Lagerfeld下面學習，根本就是香奈兒的接班人，但是他說「要繼承香奈兒也可以，但我只想當我自己、做我的東西，我只想成為Jeremy Scott。」所以他創設了自己的品牌，也看得出來他個人意識很強烈。現在他在美國為碧昂絲（Beyoncé）、瑪丹娜（Madonna）、凱蒂·佩芮（Katy Perry）等國際流行歌手設計衣服，我並不像這些人這麼有名，他還能對我這麼好，讓我很感謝他。偶爾我們會沒來由地對彼此說「我愛你」，讓我覺得我真的交到了一個很好的朋友，或許也因為分隔兩地，更讓我覺得這份友誼特殊，有種浪漫的感覺。

Q 在妳所熟識的設計師中，有位還讓人滿訝異的，就是讓—夏爾·德·卡斯泰爾巴雅克（Jean-Charles de Castelbajac），兩人的年紀似乎差很多？

A 大概差了四十歲吧。卡斯泰爾巴雅克是我打從心底敬佩的人。他是一位讓教皇穿上彩虹祭服的歷史性人物，實際見到他本人聽他說話，真的覺得他是一本活歷史。有一次我朋友認識的人負責卡斯泰爾巴雅克的展覽，就招待我們過去，可是我身邊的人都不知道他要開展，所以我就在兩年沒用的SNS上宣傳，因為我希望和我同年紀的人，哪怕只有一些人而已，也能看看這場展覽，一起感受這些事物。也因為這樣，之後便和雅克大叔成了一起吃飯、聊天的好朋友了。

Q CL的人脈中不論職業、年齡、人生歷練等都難以捉摸到底有多廣，在音樂人方面，聽說妳也認識Snoop Dogg、A$AP Rocky、will.i.am？

A 最近和Snoop Dogg、A$AP Rocky比較熟。A$AP Rocky是有次去英國拍寫真的時候在派對上偶然遇到，那時候他已經知道我是誰了。後來我才知道他和Jeremy Scott是超級好友，於是我們便一起開心地聊天、拍照。之後我去美國看Jeremy的秀，又在那裡遇到了他，也變得更熟了。那天我也認識了同A$AP一起來的設計師，和我同年紀呢。年紀相仿的朋友一起玩，又是另一種魅力了。我們一起聊著最近有什麼好玩的、大家都過得如何，自然地聊著這些瑣碎的話題，讓我心想「他和志龍是同一種人啊」。通常我只吃葡萄口味的口香糖，於是我就分給了他，他覺得很好吃，還說下次想一起合作。

而第一次見到Snoop Dogg的時候覺得他很可愛、很像漫畫人物。我告訴他

我從小聽他的歌長大，很尊敬他，表演結束後我們就一起聊天，度過了四、五個小時的時間。當時是〈壞女孩〉出來之前，我還把音樂給他聽，但其實我們聊的話題大部分都很瑣碎。如果他問我哪裡可以吃到好吃的韓國烤肉，我就告訴他位置，他還好奇我的首飾是在哪裡訂做的，不然就是打開音樂跳舞之類。Snoop Dogg雖然不是那種會告訴你很多的人，但是可以從他小小的動作學到很多東西。我常說我相信緣分但是不相信命運，因為緣分會悄悄找上門，但會不會成為這個人命中該遇到的人，就取決於自己了。

夢想各種挑戰的音樂人

2014年2月，2NE1作為YG的第一棒跑者率先回歸，新專輯的歌曲讓音源榜和歌謠節目燃燒了近一個月，此後展開的世界巡迴也都引起熱烈的反應。一年有數十組女子團體登場卻默默消失，留下來的不是用可愛刺激大叔們的保護本能，不然就是性感得讓人掛在嘴邊議論紛紛，很少有女子團體能夠單靠音樂和充滿個性的舞台台風、魅力獲得歌迷長久的支持與喜愛。套用某個評論家的話：「2NE1獨特的魅力無法隨便定義，不管是現在還是未來，她們都是一組在韓國非常稀罕的女子團體」，而CL就是這個女子團體的核心。

2NE1為什麼社長久以來都這麼成功？原因有好幾個，其中最大的原因就是隊長CL。梁玄錫曾在2014年2NE1回歸前夕說：「2NE1現在才要開始，回歸專輯中有隊長CL親自參與作詞作曲的作品，將自己提升到了音樂人的領域，我有自信再帶她們五年。」

果然2014年2月發行的2NE1第二張正規專輯《CRUSH》收錄了CL

親自作詞作曲的〈如果我是你〉，甜蜜的鋼琴和獨特的弦樂所組合起來的旋律，其中氣勢磅礡的鼓聲節奏彷彿在敲打聽者的心臟。這首歌作為專輯主打歌之一，其意義非凡。因為BIGBANG的隊長G-Dragon其出色的製作和企劃能力，是BIGBANG今日能成為世界一流團體功不可沒的原因。2NE1能有一位像G-Dragon般的隊長，也成功地讓團體的持久性和能量一下子晉級了好幾個階段。

尤其以CL的情況來說，2NE1的正規二輯《CRUSH》不但刷新了歷年KPOP在公信榜200的紀錄，自己所參與的史奇雷克斯專輯也成功躍升到公信榜200的TOP10內，代表她在世界流行音樂界也受到了肯定，但她並未滿足於至今所達到的成果而有安逸的想法。

「說真的我很喜歡嘻哈，那是我的基礎，但我不想畫地自限，把自己只定位成Rapper。因為我也很喜歡唱歌、跳舞，我希望我什麼都能做。」

也因為她多采多姿、無窮無盡的魅力，讓歌迷只要跌入她的魅力之中就很難逃脫，但她的態度很謙虛。

「我希望有很多女生看到我會想『為什麼她行，我不行？』我的經驗這樣告訴我，沒有什麼事是做不到的，這點我可以保證。我也是看到更厲害的人就會想說『他都做得到了為什麼我不行？』所以一直以來我都很努力，希望其他人在看我的時候，和我一樣不要輕易放棄夢想。」

溫暖的人情味、天生的才能、命中注定的音樂人，她就是CL。

YG Story
04

朝更遼闊的
世界疾走

向世界翱翔——第一位從外界簽下的歌手 Psy

Psy 的人氣任誰都無法預測，就連六歲的小孩也知道 Psy 是誰。點閱率二十一億是個一輩子也無法打破、誇張的數字。

2012年10月16日，冰冷的秋夜，在首爾中心的市政府前廣場，如真要比喻現場的狀況，就是「瘋了」。一名歌手站上在市政府廣場搭起的舞台，他將麥克風對準嘴巴的那瞬間，除了廣場上的人潮，連塞滿鄰近道路的數萬名人海都齊聲尖叫，將現場變成一個巨大的舞池。那個歌手正是Psy，他所演唱的歌曲正是〈江南Style〉。這天和Psy一起跟著〈江南Style〉的旋律跳著騎馬舞的市民就多達八萬人（根據調查時間可能至少六萬人到最多十一萬人）。

2012年7月發行的〈江南Style〉是Psy和YG共同製作的作品。Psy是YG第一個從外界簽下的歌手，循YG之前的做法來看，梁玄錫除了親自挖掘新人外，從未和已經出道的歌手簽約。梁玄錫頂多是幫忙認識的經紀公司旗下的歌手做活動，或給予建議而已。當然梁玄錫對人才的野心

「已經成為明星的歌手，我也沒什麼好能教他們的。他們已
經是專業人士了。我能給的只有建議，也就是擔任鹽巴的角
色。而且我的使命不就是持續推出 YG 風格的歌手嗎？」讓
旗下的歌手不忘自己的特色，做自己想做的音樂，這就是
YG 的角色。能在 YG 的體系中盡情發揮自己能力的人就是
YG 風格的明星。

不斷，其實每個人都是如此。但是就算再怎麼渴望、羨慕某位歌手的才能，畢竟是人家努力拉拔的歌手，梁玄錫從未伸出誘惑對方的手。因此當2010年8月Psy加入YG的消息一傳開，而且還是在沒有合約金的情況下就簽約，這件事不僅讓相關人士驚訝，連歌迷也大感意外。

2001年1月以〈鳥〉出道的Psy憑著獨特的歌詞、特殊的舞蹈和外表一下子變成了熱門話題，他所具有的喜感和獵奇性，讓他舉手投足都受到世人矚目。也因為這樣他獲得了「獵奇歌手」或「搞笑歌手」等形象，讓大家知道歌謠界有了一個新路線的歌手。但那年年末Psy因為大麻嫌疑而遭拘役，且翌年2002年1月所發行的新專輯被列為限制級而禁止販售，歌手之路可說是不順遂。但，讓Psy正式成為明星行列的轉機是2002年9月所發表的〈Champion〉這首歌。

2002年所舉行的韓日世界盃，韓國隊獲得了晉級四強的成果，讓全國民備感榮耀，也創造了讓全世界驚豔的「街頭應援」文化。

當韓國隊比賽時，大家不分你我湧上街頭，一體同心地為韓國隊加油。就算沒有人或團體帶頭，也不會發生不光彩的事，大家只是一心一意地狂熱加油，而這種情況不管在哪個時代、哪個國家都很罕見。在經歷過這種「街頭應援」文化後，接著出現的歌曲就是Psy的〈Champion〉。

「大家的慶典」「不要彼此劃界」「真正享受的你就是Champion」等洗腦的歌詞，加上讓人興奮的節奏，琅琅上口的旋律，〈Champion〉被選為最適合炒熱氣氛的曲子，不僅響徹KTV，更被廣泛用在各個競賽場上，獲得了廣大的人氣。即使到現在，只要有大型比賽時，街頭應援最先也最常唱的歌曲就是〈Champion〉。因此，只要有大型街頭應援時，Psy總是被邀請的第一順位。此後，直到他和Cool

的李在勳一起唱的〈樂園〉為止，他就像連續揮出全壘打的打者般，全盛時期不斷。

但是因為服役（兵役特例人員⑱）而出現的空白期，和退伍之後被爆出服役期間並未誠實值勤的爭議，他被判了重新入伍，服一般兵役等，讓他不得不經歷一段低潮期。之後，2010年8月，隨著Psy退伍也傳出了驚人的消息，也就是入籍YG，緊接著兩個月後便發行了正規五輯《PSYFIVE》。

Psy從一出道就是自己作詞作曲的創作歌手，甚至兼具為其他歌手製作專輯的能力。加上他的人緣好、人脈廣，大家都認為就算他自立門戶也不成問題，但他並未選擇自己開經紀公司，而是加入YG，讓許多人對此產生疑問。也有不少憂慮的聲浪表示，在梁玄錫色彩強烈的YG下，Psy真的能展現出「Psy」的一面嗎？但他的第五張專輯一發行，這些憂慮也都隨風而逝。主打歌〈Right Now〉強烈的節奏配上歌詞「一起瘋吧跳啊跳吧」「請問擔心我的是哪位擔心個屁」「從現在起我要瘋狂了」就足以宣告Psy的歸來。這次的回歸不但大受歡迎，更獲得了「比以前的Psy還要更Psy」的評價，讓他重新上了軌道。

「像Psy或BIGBANG等已經成為明星的歌手，我也沒什麼好能教他們的。他們已經是專業人士了。我能給的只有建議，也就是擔任鹽巴的角色。而且我的使命不就是持續推出YG風格的歌手嗎？」

這是梁玄錫所說的話，也就是說，Psy已經是一個完整的歌手，需要的時候他只給建議，其餘的就都交給Psy，讓旗下的歌手不忘自己的特色，做自己想做的音樂，這就是YG的角色。能在YG的體系中盡情發揮自己能力的人就是YG風格的明星。或許Psy就是因為這個原因而決定加入YG。

---

⑱ 類似台灣的替代役。

而且聽說是他自己找上門來的。他曾經在沒有經紀公司的情況下接活動，覺得所有事情都自己來很麻煩，於是在尋找能夠幫忙打理的經紀公司時，找上了平時像親哥哥般親近的梁玄錫。大概是因為都很熟了，也會彼此分享對音樂的見解，於是對YG體系和梁玄錫萌生信任感。

　　「Psy平常就會對認識的人說，梁玄錫社長是他從小就憧憬的明星，現在是音樂界中最尊敬的一位前輩。」

　　據當時的一位圈內人所說，在Psy因為兵役問題而陷入低潮時，梁玄錫也在他身邊給予意見並分擔苦惱。因此，他會和YG簽約就是基於這份人與人之間的信任，也可解釋成Psy不但能保有自己的音樂特色，同時又能接受體系化的管理，所下的實質性判斷。從結果來看，這個選擇是對的。

　　2012年Psy和YG才真的是闖下了大禍！2012年7月Psy發行了正規六輯《Psy 6甲Part1》，主打歌正是那有名的〈江南Style〉，因為這首歌，讓Psy和YG的命運驟變。

　　發行初期，大家也只是覺得〈江南Style〉就只是「很Psy」的歌，但是搞笑的MV和騎馬舞漸漸聚攏了人氣，從國內散播到了國外。而YG一直以來便布局好的YouTube、iTunes等國際網絡可說是幫了大忙。

　　「要讓全世界狂熱的起點絕對是YouTube。喜歡YG的歌迷先找了〈江南Style〉來看，之後一連串連鎖效應爆發，〈江南Style〉的旋律和騎馬舞擴散到了世界各地。」

　　梁玄錫這麼說，這也和他先前所說的YouTube行銷戰略吻合，將新的行銷手法鎖定為YouTube的梁玄錫花了很大的工夫製作Psy的MV，甚至親自徹夜剪輯，並企劃選出一名符合MV概念的女歌手來跨刀，除了自家人選之外，也將眼光放到其他經紀公司旗下的女團成員，最後是

4Minute的泫雅雀屏中選。雖然不是沒有人提出選用自家人的意見，但梁玄錫率先考量到Psy和〈江南Style〉的概念，認為MV中的角色由泫雅擔綱演出最適合，於是在選角上行使了自己莫大的影響力。優先考量作品的完成度，讓梁玄錫身為製作人的一面展露無遺。

〈江南Style〉MV靠著YouTube散播到全世界，並掀起了旋風般的熱潮。該年8月，挖掘小賈斯汀（Justin Bieber）等明星的美國娛樂經紀公司向Psy招手，讓他飛往了美國；9月他和小賈斯汀、瑪麗亞・凱莉（Mariah Carey）所屬的美國大型唱片公司環球（Universal Republic Records）簽下了韓國以外的全球唱片版權及代理等相關合約。此後Psy開始活躍於國外的活動，如在LA道奇運動場大跳騎馬舞、上美國的各種娛樂節目等。〈江南Style〉這首歌也勢不可當地在該年公信榜上創下連續七週蟬聯第二名的紀錄；除了美國之外，更登上了英國、荷蘭、丹麥、巴西等歐洲和南美三十個國家iTunes冠軍，這些都驗證了他在全世界的人氣。現在〈江南Style〉創下了YouTube史上最高紀錄，點閱率超過二十一億，也創下了最高按讚人數，並登載於世界金氏紀錄中。

「其實Psy的人氣任誰都無法預測，就連六歲的小孩也知道他是誰。點閱率二十一億是個一輩子也無法打破、誇張的數字，就連我們知道的知名國際歌手碧昂絲、蕾哈娜等人的MV，在YouTube上不過也只有兩億的點擊率，可是Psy卻創下了那十倍以上的紀錄。說這是Psy所達成的業績也不為過。」

梁玄錫如此評價Psy和〈江南Style〉的成功，但是真正的課題留在後頭。

「如果出了新歌，大家勢必會拿來和〈江南Style〉比較，這也是日後Psy必須完成的作業。前陣子他在訪問的時候說，他應該是破不了

〈江南Style〉的紀錄。但不只是他破不了，而是全世界的歌手都破不了。我必須這麼說，Psy得忘了〈江南Style〉，如果一直反覆去想，就會被侷限在那個框架裡。〈江南Style〉大紅？千萬不要再去想這件事，必須回到初心來做音樂才行。〈江南Style〉之後，Psy對那些遙望自己、期待自己的視線備感壓力，以前可以即興演出的時機，現在卻常常看到他煩惱個兩、三次才做。所以我常跟他說『你就隨心所欲地做吧。你又不是只在YG做音樂，也要你自己開心地做才行。你開心地做出來的音樂大眾才會喜歡，不要想太多。』這是我給Psy的小小建議。我想他自己也是這樣想的。」

換句話說，就是不要沉浸在現在的成功裡。人生在世，因為失敗而遭受挫折、跌倒的時候更多，但偶爾也會安於成功、滿足於現狀，而梁玄錫就是點出了這點。不該因為之前的成功而裹足不前，而是朝著新的成功邁進。或許是因為這樣的態度，YG才能持續不斷地發展下去。

之後，Psy鎖定國際市場，在2013年4月和6月分別推出了〈Gentleman〉和〈Hangover〉。〈Gentleman〉才推出四天，YouTube點閱率便突破一億，也成了YouTube史上最快——二十五天內便突破三億點閱率的紀錄。由Snoop Dogg跨刀合作並一起拍攝MV的〈Hangover〉更占領了「2014年YouTube最多人觀賞的KPOP」的第一名。雖然沒有〈江南Style〉的波及力，但可以看得出來Psy在國際市場上儼然已占有一席之地。當然，也有一部分的人認為Psy還陷在〈江南Style〉的窠臼裡。但是正如梁玄錫的建議，如果Psy也這麼認為，那麼遲早他一定會帶著「最Psy」的一面再度掀起狂潮。

打倒痛苦，
享受自由——
EPIK HIGH

我想提供給他們的是，能讓他們專心
做音樂的好環境，而我也很開心所獲
得的成果都在我的期待以上。

　　2011年9月，Tablo和YG簽下了四年的專屬合約，讓身邊的人嚇了
一大跳。因為當時Tablo的拍檔Mithra Jin正在服役，而Tablo本人在前兩
年也因為TAJINYO[19]等負面謠言纏身，過得心力交瘁。當時Tablo和YG簽
約並發行Solo專輯，也發表了成為YG Family一分子的感想，「離開舞台
近兩年的時間，說真的到現在我還是很怕重新站在大眾的面前。這段時
間辛苦歸辛苦，但我已經不再埋怨、責怪任何人。因為這一切都是因我
而起。」

　　Tablo會選擇加入YG，他的妻子姜慧貞扮演最重要的角色。當時
Tablo幾乎要放棄音樂了，但身為YG旗下演員的姜慧貞全心全意照料自
己的丈夫，並說服他和自己加入同公司共築安身之處。全程照看Tablo
簽約過程的相關人員說「婚後生了第一個小孩，本該過著比誰都還幸福
的時光，但卻是丈夫歷經最艱難的時期，守在這樣的丈夫身邊，姜慧貞

---

[19] TAJINYO 為「타블로에게 진실을 요구합니다 向 Tablo 要求
　　真相」的縮寫「타진요」。以「Tablo 偽造學歷」所發起的反
　　Tablo 網路社群。

決定親自向對待旗下藝人像家人一般，並讓旗下歌手能專心做音樂的梁玄錫介紹自己的丈夫Tablo。」

　　一年後，Mithra Jin和DJ Tukutz也一起加入YG，EPIK HIGH又合為一體，並於2012年10月23日發行第七張正規專輯《99》，重回歌迷們的懷抱。專輯名稱「99」的意義為紀念出道九週年，成員們都喜歡9這個數字，代表著他們瘋狂的個性，且專輯中收錄了九首歌。EPIK HIGH成員們也對歌迷別有一番感慨。當時EPIK HIGH成員這麼說，首先是Tablo。

　　「看了我們的專輯封面後，很多人說很像偶像。很開心能穿上漂亮的衣服。看了網路留言，很多人說我們像偶像歌手、看起來不像已婚男，其實我們三個人真的很不會穿衣服。所以能穿漂亮的衣服我們都很興奮，一樣都是牛仔褲搭T恤，以前怎麼穿也就是那樣，但現在居然有人說像偶像，對我們來說是最大的恭維了。這張專輯我把它想成是出道專輯，我會像新人一樣努力的。夜店表演也好、小劇場表演也好，我真的很懷念舞台、懷念做音樂，還有三個人一起面對台下觀眾的感覺。可以的話我想一直站在舞台上，不管是電視節目也好、表演也好、夜店舞台也好，都無所謂。」

　　Tukutz說：「Tablo加入YG的新聞出來時，我們都已經知道了。這個消息一公布，很多人說EPIK HIGH是不是要解散了？以後看不到EPIK HIGH的表演了嗎？雖然我很想出面否認，但我想最好的方式，就是拿出作品出現在大眾的面前吧。」而Mithra Jin說：「我個人在進行這次活動時最想對聽我們歌的人說，我希望你們聽了EPIK HIGH的歌心情會變好，並且稱讚我們站在舞台上玩得很開心。我們希望能傳達出這樣的形象。」

於是在2014年11月，他們將布滿各種緣由的苦難歲月拋諸腦後，站在EPIK HIGH演唱會的舞台上面對歌迷們，他們在舞台上馳騁，全場High到最高點，歌迷們也跟著狂熱。就這樣EPIK HIGH復活了。他們和渴望正統嘻哈的EPIK HIGH狂熱者重逢，三天的Rap和演奏都注滿了幾乎要讓人哽咽的感動和熱情，歌迷就像等候許久一般，獻上歡呼和喝采，觀眾席融成了一片狂亂的漩渦。雖然EPIK HIGH的第八張正規專輯創下了橫掃各大音樂榜的紀錄，但他們的表演和台風所具有的威力，讓對EPIK HIGH音樂不熟的人也能為之瘋狂。

　　重要的是，很多歌迷擔心EPIK HIGH加入YG之後會因此走味，但EPIK HIGH卻將他們本來的色彩原汁原味呈現，消除了歌迷的憂慮。某廣播節目曾介紹EPIK HIGH是遭YG放牛吃草的團體，而上節目的Mithra Jin和Tukutz則說「在製作專輯的時候，梁玄錫還禁止我們出入YG的錄音室。」其實這背後是有故事的，我們來聽聽當時的Tukutz怎麼說。

　　「我們想預約YG的錄音室，但是不知道從什麼時候開始工程師都不讓我們用，總是拿已經有人訂了當藉口。一開始我們很生氣，不知道他們為什麼這樣，可是之後我們才知道，梁玄錫擔心我們和YG的音樂人交流會讓EPIK HIGH失去本來的音樂色彩，所以才不讓我們訂YG的錄音室。」

　　這麼做就是因為梁玄錫想守護EPIK HIGH原有的色彩所給予的關照。「遭YG放牛吃草」的說法或許聽起來逆耳，但這也代表梁玄錫是如此信任且願意放手讓他們自己做音樂。當然前面也說過，梁玄錫對這些已是明星行列的歌手，只會給必要的意見，當然EPIK HIGH也一樣。

　　「我從以前就很欣賞EPIK HIGH的音樂性，是我很喜歡的一個團體。這次看著他們所製作出來的作品，讓我再次確認他們有多出色。連

「我從以前就很欣賞 EPIK HIGH 的音樂性，是我很喜歡的一個
團體。這次看著他們所製作出來的作品，讓我再次確認他們有多
出色。連我都為他們的音樂傾倒，絕不愧對於歌迷。」梁玄錫在
EPIK HIGH 製作專輯當時，甚至禁止他們進出 YG 錄音室，因為怕
他們和 YG 音樂人的交流會讓 EPIK HIGH 失去本來的音樂色彩。
這是梁玄錫為了守護 EPIK HIGH 原有的音樂色彩所給的關照。

我都為他們的音樂傾倒，絕不愧對於歌迷。」

　　梁玄錫也說到，他對EPIK HIGH的期待是希望他們能在和Psy不同的方向上獲得成功。因為不管是EPIK HIGH或Psy都已經走過人生的難關，因此他們的音樂帶著他們的真心。

　　「Tablo在歌手生涯正蓬勃發展的時期，因為遭受了TAJINYO的負面網路言論而身心受創。Psy也一樣，所有男人都害怕夢到當第二次兵，但Psy卻是真的當了兩次兵。雖然YG向來以單純培育社內練習生為主，幾乎不怎麼從外界簽下已出道的歌手，但像Tablo和Psy這樣優秀的音樂人另當別論。先簽下來的Tablo單飛回歸成功，接著EPIK HIGH也全員在YG合體。我想提供給他們的是，能讓他們專心做音樂的好環境，而我也很開心所獲得的成果都在我的期待以上。能夠和他們一起攜手，證明我真的是個很有福氣的人。我很慶幸能夠和他們一起工作，我還有很多不足的地方，但他們卻願意投向我，和他們一起打造東山再起的舞台。」

新的挑戰——
KPOP Star
李遐怡

李遐怡是一位很有魅力且帶著獨特嗓音的歌手，連我也是李遐怡的歌迷之一。讓我不禁想能擁有這樣的嗓音，或許是上天給她的恩惠吧。

　　2011年12月無線電視台SBS的週日綜藝節目《星期天真好》出了新的環節，就是選秀生存戰〈KPOP STAR〉。不管有線無線，在這個選秀節目亂舞的時機居然又出了個選秀節目，想也覺得內容很膩。但大眾卻抱持著期待。因為這個選秀節目以國內經紀公司三大龍頭——YG、SM、JYP——為主軸，其中有兩家經紀公司更是由公司首長親自擔任評審，也就是YG的梁玄錫和JYP的朴軫永。尤其梁玄錫變身為製作人後，一直很忌諱出現在媒體前，所以更讓人大吃一驚。

　　值得注意的是，有許多藝人志願生抱著當練習生也好的心態不斷湧入這三間經紀公司，也因為如此內部已經有很多練習生，也有很多為了出道正接受高強度訓練的準歌手。即使如此竟然還要公開選秀？光這點就足以吸引全世界的耳目。好的是參賽者可以獲得機會，觀眾可以一窺

這三間經紀公司究竟是用什麼眼光挖掘新人，又如何訓練他們，藉此滿足好奇心。而且冠軍還可選擇自己想加入的經紀公司。

讓人跌破眼鏡的是，最先提議這場生存選秀的人正是梁玄錫。本來梁玄錫和朴軫永兩家經紀公司就經常互看自己訓練的練習生，也會讓他們PK後彼此交換意見。於是梁玄錫先提出要不要把這種形式以節目的方式播出，而在朴軫永的附和下，這件事情也開始明朗化。最後連SM也加入（SM的評審為身為理事的寶兒擔任），成為三社的生存選秀節目（從第三季起由Antenna Music的柳喜烈取代SM的寶兒擔任評審）。

國內屈指可數的三大經紀公司一起主持的〈KPOP STAR〉從一開始便成了熱門話題。節目盡可能地排除不自然的緊張感和突顯衝突的刻意剪接，致力於將焦點擺在傳統選秀節目的競賽和表演。節目的特點在於評審們選擇進入最終選拔的參賽者，並各自帶回自己的經紀公司，讓他們接受旗下音樂人的OPL訓練[20]。所以不管是參賽者也好、觀眾也好，都能確實了解到三家經紀公司在打造歌手時的哲學和方式有何不同，而且有趣的是還能先預測哪一個參賽者會到哪一家經紀公司去。

看到梁玄錫、朴軫永、寶兒三人用各自的觀點來評點參賽者也是另一種樂趣，尤其不太常在大眾面前露臉的梁玄錫透過〈KPOP STAR〉，反而給人一種更親近的感覺。十幾歲的小孩們根本不知道「徐太志和小孩們」，對他們來說只是過去的傳說；其他人對他的認識也僅止於他是個嚴格且喜好分明的製作人而已。但透過節目，梁玄錫的形象開始轉變為帶著父親般的微笑、知道該如何砥礪參賽者、溫柔的評審委員。當然，身為YG的領導人，也可以感受到其敏銳且個人特色強烈的一面。他不只看重參賽者的歌唱實力和舞蹈實力，還著眼於他們的舞台表演是否獨特，同時把焦點擺在用各種眼光來分析參賽者的才能，並比較分析後

---

[20] One point lesson，一種現場訓練方式，又稱單點訓練，每次只針對一件課題集中教育練習。

找出他們的優勢。對此，梁玄錫曾這麼說：「因為我不是作曲的人，所以需要從不同的方向來看。我一直告訴自己『我是製作人』，我的使命是在挖掘原石，將他們打造成明星，並幫助他們自我領悟。BIGBANG或2NE1等所有YG的歌手我都只負責他們的始和終，因為我無法預測他們的能力可以發揮到什麼地步，所以更不該用製作人的框架來侷限他們。我認為我的工作不是修剪花草，而在於如何包裝他們。」

也就是說，〈KPOP STAR〉並非比誰唱得好，而是挖掘誰具有才能和魅力的現場。於是，梁玄錫在第一季〈KPOP STAR〉發現了和自己想要的原石十分契合的歌手——「李遐怡」。

李遐怡以十六歲的年紀、帶著中低音的音色，早早在選秀中獲得「韓國愛黛兒」（Adele）的稱號，不僅擄獲評審，甚至歌迷們的心。因此梁玄錫在〈KPOP STAR〉進行期間，絲毫不掩飾他對李遐怡的偏愛。JYP的朴軫永也展現了對李遐怡莫大的關注。同時和李遐怡一樣的女參賽者朴志敏在節目當時也一直是話題人物。很可惜地在最終決賽時，李遐怡敗給了朴志敏位居第二。冠軍朴志敏選擇了JYP，而梁玄錫則在〈KPOP STAR〉一結束，馬上簽下李遐怡。

節目結束後六個月，2012年10月，李遐怡以〈1, 2, 3, 4〉Solo出道，這首歌將1960～1970年代黑人音樂融合R&B，把Retro-Soul曲風以現代感重新詮釋。這在YG是個特例，通常在YG當練習生都要投注三～五年的時間，而她完全沒有經歷這段時間，僅透過〈KPOP STAR〉亮相後，就正式出道了。這是因為梁玄錫從〈KPOP STAR〉擔任評審時就為她迷人的音色所著迷，加上對她的魅力非常有自信。而且這也是和觀眾之間的約定「選秀出身的歌手之中，一定會出現真正的明星。」梁玄錫對她的偏愛，更從他親自為她剪輯MV可以看得出來。

- -

大田精美小禮物等著你！

只要在回函卡背面留下正確的姓名、E-mail和聯絡地址，
並寄回大田出版社，
你有機會得到大田精美的小禮物！
得獎名單每雙月10日，
將公布於大田出版「編輯病」部落格，
請密切注意！

大田編輯病部落格：http：//titan3.pixnet.net/blog/

智　慧　與　美　麗　的　許　諾　之　地

你可能是各種年齡、各種職業、各種學校、各種收入的代表，
這些社會身分雖然不重要，但是，我們希望在下一本書中也能找到你。

名字／_____ 性別／□女 □男　出生／_____年_____月_____日

教育程度／

職業：□ 學生□ 教師□ 內勤職員□ 家庭主婦 □ SOHO 族□ 企業主管
　　　□ 服務業□ 製造業□ 醫藥護理□ 軍警□ 資訊業□ 銷售業務
　　　□ 其他 _____

E-mail/_____ 電話／_____

聯絡地址：

你如何發現這本書的？　　　　　　　　　　書名：

□書店閒逛時_____書店 □不小心在網路書站看到（哪一家網路書店？）_____
□朋友的男朋友(女朋友)灑狗血推薦 □大田電子報或編輯病部落格 □大田 FB 粉絲專頁
□部落格版主推薦 _____
□其他各種可能，是編輯沒想到的 _____

你或許常常愛上新的咖啡廣告、新的偶像明星、新的衣服、新的香水……
但是，你怎麼愛上一本新書的？

□我覺得還滿便宜的啦！ □我被內容感動 □我對本書作者的作品有蒐集癖
□我最喜歡有贈品的書 □老實講「貴出版社」的整體包裝還滿合我意的 □以上皆非
□可能還有其他說法，請告訴我們你的說法

_____

你一定有不同凡響的閱讀嗜好，請告訴我們：

□哲學 □心理學 □宗教 □自然生態 □流行趨勢 □醫療保健 □ 財經企管□ 史地□ 傳記
□ 文學□ 散文□ 原住民□ 小說□ 親子叢書□ 休閒旅遊□ 其他 _____
你對於紙本書以及電子書一起出版時，你會先選擇購買
□ 紙本書□ 電子書□ 其他_____

如果本書出版電子版，你會購買嗎？
□ 會□ 不會□ 其他_____

你認為電子書有哪些品項讓你想要購買？

□ 純文學小說□ 輕小說□ 圖文書□ 旅遊資訊□ 心理勵志□ 語言學習□ 美容保養
□ 服裝搭配□ 攝影□ 寵物□ 其他 _____

請說出對本書的其他意見：

大田出版有限公司編輯部 感謝您！

看來這樣的自信和偏愛果然奏效了？李遐怡的出道曲〈1, 2, 3, 4〉一下子便席捲各大音源榜，大肆宣告「超級新人」的誕生。歌曲發表後便堅守十三天音源榜第一，創下當年出道新人的最高紀錄。此外，除了在電視排名節目上拿到第一名的獎盃，還連續三週蟬聯美國公信榜KPOP音樂榜第一名，甚至榮登「2012 World Music Song」最佳歌曲獎候選人。看著李遐怡的成功，梁玄錫說：「大眾現在已經膩了不需要歌唱實力、用舞曲和性感來包裝舞台的偶像團體，現在他們渴望的是新的聲音和懷舊感。李遐怡在〈KPOP STAR〉幾個月的時間裡，她特別的歌唱實力就受到大眾肯定，讓我對她也抱著莫大的期待和喜悅。她是一位很有魅力且帶著獨特嗓音的歌手，連我也是李遐怡的歌迷之一。讓我不禁想能擁有這樣的嗓音，或許是上天給她的恩惠吧。」

翌年2013年3月李遐怡接連以〈It's over〉和〈Rose〉大放異彩，音源也按順序一公開就登上音源榜。〈It's over〉屬於在Blues中加入Jazz元素的「Jazz Blues」曲風，內容是灑脫地宣告分手，讓十七歲的李遐怡可以盡情展現她可愛又甜美的魅力；相反地，〈Rose〉唱的是一位自戀的女人的感情，曲風為R&B House，能夠完美發揮李遐怡的中低音，散發夢幻的氣氛，透過MV可以看到一位冷豔的女子，展現十七歲李遐怡的另一面。緊接著3月底，她發行了第一張正規專輯《FIRST LOVE》，並於2013年5月12日開了出道後的第一場個唱「Secret Live RE-HI」，雖然是個五百人規模的小表演，但也成功落幕。

從出道到第一場演唱會，這都是在七個月內所發生的事，誰還記得誰是第二名呢？李遐怡一下子就打破了這些偏見，正寫下歷代選秀出身歌手中目前成果最好的紀錄。果真如梁玄錫所說「發掘原石，並成功打造成了明星」。

YG的基調總是如此。總是投注許多力氣在關注並挖掘個性與眾不同，又有才能和創意的人才。就像〈KPOP STAR〉的另一位參賽者李昇勳一樣，雖然他的歌唱實力和舞蹈能力稍嫌不足，但是他因為過人的創意而被簽入了YG。

李遐怡對YG來說也是個新的挑戰，雖然透過節目挖掘新秀是個別出心裁的方式，但YG拋棄了長久以來，培育歌手需要經過長時間練習的傳統，只憑李遐怡的可能性，就在短短五～六個月內衝刺，兌現了與觀眾之間的約定。

而且同樣的挑戰又再度獲得了成功。YG在簽下李遐怡之後，只花了七個月的時間就將三首歌推上音源榜的最高峰。因此YG能夠盡情炫耀他們的經紀能力，讓大家看到了YG無論如何都會讓人成功的能力，只要歌手已經做好準備。YG的這項能力又再次吸引了歌謠界和歌迷的關注。

2012年11月至2013年4月所播出的〈KPOP STAR〉第二季中，YG遇見了「樂童音樂家」。「樂童音樂家」由李燦赫和李秀賢所組成，年僅十多歲、住在蒙古的兄妹， 出色的音樂性和富有個人魅力的外表，從節目開始就受到了矚目。哥哥李燦赫是個能作詞・作曲・編曲的創作歌手，妹妹李秀賢的歌聲獨具魅力，充滿作為歌手該有的才氣。因此樂童音樂家在第二季一直是話題的中心，也一直是有力的冠軍候選人。最後，樂童音樂家果然在最終舞台上獲勝，他們也一樣選擇了YG。

2013年6月YG和樂童音樂家正式簽約，並於隔年的2014年4月發行了他們的出道專輯《PLAY》，同時也是第一張正規專輯，並採取多元主打的戰略，光是主打歌就有三首。但是專輯中收錄的其他八首歌一樣也因為完成度高，而受到歌迷們的喜愛，專輯裡的十一首歌都像排隊似的攻占音源榜。之後，10月又發行了充滿秋天感性的單曲〈時間和落

葉〉，同樣也久久滯留在音源榜第一的位置。特別的是這首歌的歌詞以沒有英文聞名，全曲充滿詩的意境，聽的人也染上這令人恍惚的感性。2014年11月妹妹李秀賢和李遐怡一起發行了〈我不同〉，也成了人氣之作。

而且，樂童音樂家出道九個月，就辦了一般新人少見的全國巡迴演唱會。11月21日首爾BLUE SQUARE三星電子廳「樂童音樂家第一場巡迴演唱會：AKMU CAMP」正式開跑，一直到12月31日在釜山成功落幕。

李遐怡和樂童音樂家是YG透過節目挖掘新人並培養、包裝他們的成功案例，也為YG的經紀能力拉開新的地平線（〈KPOP STAR〉即使在選秀節目熱潮漸漸平息的時候，也獲得了廣大的關注一路到了第四季。從第三季起加入了Antenna Music的柳喜烈取代SM，講評也令人印象深刻）。

另一個
勝利的夢想——
WINNER

最重要的是消除人們的刻板印象，通常同個經紀公司內很容易推出兄弟團、複製團，但我不希望如此。我希望打造出一個和 BIGBANG 截然不同的團體。

　　YG的新人出道戰略總是新穎卻又是一番苦戰，也因為如此而顯得仔細、周延。YG睽違九年推出的新人男子團體，被稱為BIGBANG的師弟團「WINNER」也是在YG的戰略企劃下所誕生的。

　　2013年某有線電視台推出了獨樹一格的選秀節目。其目的和其他選秀節目不同，並非要挖掘有才能的新人歌手。某經紀公司將旗下有能力的練習生團體分成A隊、B隊，讓兩隊競爭，其中獲勝的隊伍將正式出道。節目的名稱正是〈WHO'S NEXT：WIN〉，而WINNER正是通過這個節目而誕生的。

　　2013年8月開播的《WIN》將播放十週在YG接受多年訓練的十一位練習生被分為A隊、B隊所展開的激烈競賽。這十週他們將經歷三次競

賽，最後優勝的隊伍將成為YG的新人男子團體「WINNER」，而落敗的隊伍將解散（原則上落敗的隊伍僅解散，但並未從YG流放）。

節目播出期間，《WIN》主要在網路社群上獲得熱烈的反應──長時間在YG接受訓練、基本功扎實、每一位都獨具特色、外表清新，光這幾點就足以引起大眾的關注。其中YG Family的加持也受到了矚目，G-Dragon和太陽各自負責一個隊伍，給他們有用的建議，賽前也一起準備；身為前輩的BIGBANG和2NE1等在節目中擔任評審；EPIK HIGH到過練習室給予建議等；在最後決賽中，劉寅娜也到場擔任主持人。加上不管哪一隊成為WINNER，一切都交給觀眾投票決定，當然歌迷的參與度也一定很高。經過這段過程，最終由姜勝允、金振宇、李昇勳、宋旻浩、南太鉉所屬的A隊成為WINNER而出道。

其中，姜勝允、李昇勳最顯眼，雖然姜勝允在《SuperStar K》第二季是爬到TOP 4的可怕新人，但YG認為他的實力還有待磨練，所以他是以練習生身分進YG的例子。當然一方面他已經有認知度，也有自己所追求的音樂世界（搖滾），若是進到別的公司從練習生再當起一定不容易。但是相信YG的姜勝允很努力。

「梁玄錫社長一開始就對我說『忘了你是藝人，進來了就是練習生』。換作其他經紀公司，一定會說你一定要來，但這裡對我真的很冷淡，來不來都無所謂的樣子，我覺得那就是YG的魅力。我當時也算『夯』吧，其實根本不用這樣，只要靠才能就能定勝負。但這家公司就是有那樣的自信，所以才不想利用我本來已經有的明星光環，讓我覺得這裡才是真的會把我培養成最頂尖藝人的公司。」

當然，過程並不順遂，尤其學跳舞真的很辛苦、很難。但姜勝允很努力，在這段期間還能從事Solo活動，不但試鏡上了《High Kick！

短腿的反擊》獲得演出機會，也拍攝了廣告（即使是練習生，YG還是會馬上結算演出費或收入，也對姜勝允當時吃緊的生活有所幫助）。在WINNER出道前甚至還以個人歌手的身分活動，這都是因為姜勝允在歌唱或演戲上的天分。但為什麼一直遲遲不讓出道呢？梁玄錫這麼說：

「姜勝允雖然花了三年才出道，那是因為我想看到擅長跳舞的姜勝允。我可以預想得到他為了學跳舞有多努力，而過程中有多辛苦，我也希望有人稱讚幸好我沒讓他成為個人歌手。若WINNER這個組合所散發出來的光芒比個人還受矚目，那麼身為製作人的我一定覺得很自豪。」

姜勝允的努力終於發光了，他脫胎換骨成了一位歌唱、演技、舞蹈都到位的YG牌偶像。姜勝允異於他人的魅力和優點，勢必會在YG體系下帶出新的領域。或許也是因為這樣的魅力，讓A隊顯得如此突出。

李昇勳也是在〈KPOP STAR〉第一季中以獨創的想法和獨特的表演一路爬到了TOP4。雖然跳舞和歌唱能力都落後，但每次他的表演都能獲得梁玄錫的讚賞，並且節目結束的同時李昇勳也加入了YG。但與李遐怡和樂童音樂家不同的是，李昇勳必須經過一段長時間的練習生過程。現在的李昇勳也和G-Dragon一樣能作詞、作曲，擔任類似製作人的角色。李遐怡或樂童音樂家都已經具有當歌手的高完成度，而李昇勳還需要醞釀的時間，最終他所花上的這段時間，也讓他再出現時，已經成了更有才氣和實力的人。能夠因每個人所具有的才能和個性施予不同的教育，這也是因為YG，所以才做得到。

梁玄錫透過〈KPOP STAR〉發現那些尚未被挖掘的原石，而透過《WIN》又將他所挖掘的新人是如何發展成大眾想要的歌手，呈現給大家，也讓人看到他與歌迷之間的默契。這是個史無前例的挑戰，透過節目公開WINNER的誕生過程，公開YG特有的體系，也讓歌迷一同產生共

鳴，並且讓他們來挑選他們想要的團體，這樣一來WINNER也能成為比任何歌手都還要貼近歌迷的團體。將「答案來自大眾」奉為箴言的梁玄錫，又交出了更進一步實現這句話的作品，就是WINNER。

《WIN》結束後兩個月，2013年12月播出《WIN》節目的有線電視台推出《WINNER TV》。雖然之前也播過《BIGBANG TV》和《2NE1 TV》，但這兩個節目與《WINNER TV》的不同點在於這兩組團體已經出道，已大致有認知度之後才進行的。而《WINNER TV》播出時僅決定了WINNER要出道之外，什麼都還沒有。但這麼做能夠激發歌迷從WINNER正式出道前就對他們帶有期待和好奇心，好奇究竟被選為WINNER的A隊會如何合作，拿出什麼樣的專輯、歌曲和大眾見面。

但是從公布WINNER到他們正式出道卻花了十個月之久。對看著WINNER誕生的歌迷來說，這場等待一定很漫長。其原因是因為壓力，不管怎麼說他們都是YG繼BIGBANG之後，睽違九年推出的男子團體。

「Psy在〈江南Style〉之後，為推出後繼之作而備感壓力，同樣地我對推出WINNER所感到的壓力也不小。因為他們是BIGBANG之後的男子團體，所以不管怎麼樣一定要做到好。最重要的是消除人們的刻板印象，通常同個經紀公司內很容易推出兄弟團、複製團，但我不希望如此。我希望打造出一個和BIGBANG截然不同的團體。我不想把哥哥穿過的衣服再留給弟弟穿，所以在設定團體定位時花了不少時間。設定音樂風格也要投注時間和心力，若想要WINNER一開始就成功，勢必要和BIGBANG不一樣，尤其WINNER的團員數和BIGBANG一樣都是五個人。」

因此，連WINNER的未來也要考慮進去。

「比起YG成功與否，最重要的還是WINNER的人生，他們年紀都還

生存節目從內部來看，能夠使練習生實力進步，從外部來看是能夠形成歌迷軍團的好機會。尤其參加《MIX & MATCH》的九位成員，甚至在節目進行中的秋天，飛到日本辦了歌迷見面會。在正式出道前就已經為了未來進軍海外而鋪路，YG這套速戰速決的方式值得好好關注。

很小。他們的出道專輯可以決定他們的未來和人生，我絕不允許只是隨便做做而已。我所認為的專輯製作人不只是顧名思義製作專輯的人，而是激發新人才能的人。所以也才會有BIGBANG、2NE1。這些相信YG而來投奔的孩子就等於把人生交給了我，無論如何都要讓他們發揮才能、讓他們成功才是最重要的。所以我只能更謹慎。」

　　於是，為了讓YG的企劃能力在WINNER身上發揮更好的效果，反覆琢磨下終於在2014年8月，WINNER推出了出道專輯《2014 S/S》。果然是費盡心思所完成的專輯，不但完成度高，成果也遠遠超越期望。從主打歌〈空虛〉和〈Color Ring〉到整張專輯的歌曲都由WINNER的成員親自參與作詞作曲，將他們的音樂才能發揮得淋漓盡致。結果，WINNER的歌曲在他們出道的同時便征服了各大音源榜，並寫下連頂尖歌手都難以達成的「排排站」紀錄。這也是準備已久的WINNER音樂發光發熱的證據。據成員說，為了用自創曲填滿整張專輯，他們寫了三十～四十首歌，不斷地修改。

　　「為了出道專輯，WINNER的成員過去十個月間幾乎就等於住在錄音室，這也是他們努力打造出來的成果。他們並非向一般作曲家邀歌，而是他們親自參與所做出來的音樂。WINNER出道最大的重點就在於，公司只是在背後支援，專輯製作的過程則由成員們自己一步步完成，靠的不是YG的行銷或作曲家的幫助。大概也是因為這種方式，隨著時間流逝，他們的能力也越磨越發光。YG所追求的目標是希望WINNER能具有音樂人的本質，BIGBANG也是這樣走過來的。」

　　這是梁玄錫接受採訪，談論關於WINNER出道專輯時所說的內容。由此可知，從WINNER出道到未來發展，梁玄錫費盡了多少苦心。還好，從第一張專輯起，歌迷們便看到WINNER真正的價值。此外，

WINNER也計畫擴展更多領域。其他的前輩團體都會克制音樂以外的活動，但WINNER計畫朝多領域發展，拓展他們活躍的範圍。

「其實YG的歌手不擅長上綜藝節目。但是WINNER擁有音樂活動以外的才能，因此我希望能給他們彈性。希望讓他們脫離YG的固定思考模式，任何節目我都願意開門讓他們挑戰。姜勝允可以演戲，其他成員也可以上綜藝節目。人好像上了年紀，想法也跟著不同。我以前一直覺得歌手應該專注在音樂上，但最近這樣的想法也一點一滴在改變。」

這是梁玄錫說的話。當然YG內的前輩團體中，像T.O.P、勝利或Dara也以演員身分活動，大聲則是綜藝節目方面，EPIK HUGH的Tablo也曾參與育兒節目演出，但是除了T.O.P，其他人都屬於短期發展，而且這也是在他們以歌手身分提高知名度之後才進行的活動。然而，WINNER的情況則是從一開始便以正面的態度積極考慮他們其他方面的發展，所以WINNER不只是對WINNER，對梁玄錫、對整個YG來說都是個新挑戰。

但是這場挑戰還未結束。2014年9月，YG又和之前合作的有線電視台攜手推出新的生存選秀節目《MIX & MATCH》。由《WIN》節目中落敗的B隊和新加入的三位練習生一起透過激烈的選秀競爭，選拔新的男子團體「IKON」成員。「原本占好位子的石頭」和「滾過來的石頭」要猛烈碰撞爭取IKON成員的位置，光是如此就能引發緊張氣氛。

這並非即興編出來的劇本，而是在事前準備、企劃下的行銷策略中所誕生的。這就是YG式的多重應用（One Source Multi-Use）。對此，梁玄錫說：

「與其說我喜歡生存競賽，不如說這個世界本來就是一場競爭。我認為一個歌手在歌謠界、KPOP市場中唱歌，就是一項激烈的競爭。為

了讓這些孩子在出道之後，能夠更了解、認清這一點，所以我才覺得生存節目好。」

　　生存節目從內部來看，能夠使練習生實力進步，從外部來看是能夠形成歌迷軍團的好機會。尤其參加《MIX & MATCH》的九位成員，甚至在節目進行中的秋天，飛到日本辦了歌迷見面會。在正式出道前就已經為了未來進軍海外而鋪路，YG這套速戰速決的方式值得好好關注。

　　在經過九週的節目播出，透過《MIX & MATCH》選出了IKON的成員——B.I、Bobby、金振煥、宋允亨、具俊會、金東赫、鄭粲右——節目也在2014年11月落幕。WINNER之後的IKON又會走什麼樣的路線呢？可以確定的是，一定是和WINNER又一樣的挑戰在等著YG。YG的挑戰現正進行中。

和歌迷們
一起老

BIGBANG 剛出道時，曾在訪問中說過，希望能和歌迷長長久久地走下去，和歌迷們一起老。

　　娛樂經紀業總是以「新鮮」和「同中求異」為目標。因此YG總是馬不停蹄地挖掘、推出獨樹一格的新人，發行有個性的歌曲，計畫能領先潮流的行銷戰略。但是還有一件事和「新鮮」同等重要，那就是「長壽」。

　　YG的代表團體BIGBANG在2015年邁入出道的第十年。以載沉載浮的歌謠界來說，偶像團體出道十年，而且中途還沒換過成員，實屬了不起的事。YG內部也稱BIGBANG為「長壽團體」。更驚人的是，第一個五年合約結束後，五位成員異口同聲地全員續約，因此YG也不得不更花心思思考BIGBANG的未來。

　　其實歌迷對經紀公司所推出的團體一定都帶著不安全感。像是因為合約問題，最後團體只是保留名字，但成員卻換了人；或是像BIGBANG這樣的男子團體都會遇上兵役問題，若是一下子全都入伍了，最後也因

為空白期而自然走向解散一途。BIGBANG當然也不例外。但經紀公司真能了解歌迷的憂慮嗎？梁玄錫說，打從BIGBANG出道起，他就已經規劃好他們未來的藍圖了。

「事實上要帶領著一個團體走四、五年以上真的很累。全世界的音樂市場也一樣。BIGBANG剛出道時，曾在訪問中說過，希望能和歌迷長長久久地走下去，和歌迷們一起老。像日本有SMAP，英國有The Rolling Stones，但為什麼我們的偶像歌手卻像方便料理，消失得這麼快呢？BIGBANG現在已經出道第十年了，我希望他們能像出道時和歌迷所作的約定一樣長長久久，成為和歌迷一起到老的團體。」

因為YG的專屬合約一次為五年，而梁玄錫的想法卻既挑釁又理想。BIGBANG第二次續約的時間點也近了，到時BIGBANG對YG還有繼續留下來的信任嗎？無論如何，重要的都是BIGBANG對梁玄錫的感情。如果BIGBANG本身對梁玄錫沒有感情，自然不會有續約的想法。事實上，其中還有另一個理由。

「雖然『徐太志和小孩們』只活動了四年有些可惜，最近年紀大了愈會這麼想。當時我們的人氣這麼高，可是一夜之間便宣布隱退，一夜之間就消失了，讓我不禁覺得那時的我們很自私。打個比方就好像你有個很愛的戀人，但睡個覺醒來他卻說：『欸，我們結束了，掰。』由他單方面宣告分手一樣。歌迷對我們的愛甚至超越心愛的人，你說怎麼能不對他們造成打擊呢？我們只是因為累而解散，但現在我會想『要是那時候我們再多走一點就好了』，所以我不想再重蹈覆輒了。」

也就是說，梁玄錫也是因為自己本人的經歷而如此，就是因為自己過去在最顛峰的時刻和歌迷道別，所以對和歌迷一起到老這件事，比任何人都還要來得感同身受。因此或許「和歌迷長長久久地走下去，和歌

迷們一起老」就成了梁玄錫對成員們所下的咒語一樣，不管是屬於哪個團體的成員，他都希望成員能和整個團體繼續走下去。由此也可以看出梁玄錫對歌迷的照顧。不僅如此，梁玄錫對BIGBANG也很有信心。

「BIGBANG和其他團體有哪裡不一樣呢？就是每位成員都可以獨立進行活動。大聲在日本巨蛋開過個唱，勝利也是，TOP也拍電影，太陽和GD都在進行個人活動，也就是說就算BIGBANG成員還沒當兵，要合體出一張唱片也要花兩年以上的時間。所以說成員們去當兵會成為BIGBANG的危機是不可能的，他們沒有理由解散。我認為的BIGBANG就算只有三個人、四個人都還是BIGBANG，就算有一個人去當兵，還是能出BIGBANG的專輯，等到退伍後再自然而然地合體就好。在無法全員到齊的情況下，成員還是可以繼續個人活動或以子團的形式活躍，BIGBANG的歌迷可以完全不用擔心。」

不只BIGBANG，梁玄錫甚至預言2NE1也是一組長壽的團體。

「其實我本來很擔心2NE1。因為成員裡沒有人能作詞作曲、擔綱製作，而1YTM的Teddy都做了。加上Dara和朴春年紀也要超過三十，稱她們為偶像的確有點曖昧。不過這份憂慮在第二張專輯《CRUSH》發行前戛然而止。因為CL讓我知道是我在杞人憂天。有一天她拿著自己的音樂來見我，「哇，答案出現了。」因為我並沒有特別要求，但是她卻自己製作、自己寫曲，嚇了我和Teddy一跳。那時候我就想，她真的不簡單。雖然本來就這麼想了，但沒想到遠遠超越我的期待，她對音樂真的充滿熱忱。也因為這樣我相信2NE1的另一個未來、新的未來會因此而誕生。感覺就像她們走完原本走的路，但卻又開啟另一扇通往全新方向的門一樣。其實年紀對歌手來說有什麼大不了的？因為CL這次所創作的音樂非常優秀，現在才要展開她的第二段音樂生涯。她也不過才二十三

「有一天 CL 拿著自己的音樂來見我,哇,答案出現了。」因為我並沒有特別要求,但是她卻自己製作、自己寫曲,嚇了我和 Teddy 一跳。她對音樂真的充滿熱忱。也因為這樣我相信 2NE1 的另一個未來、新的未來會因此而誕生。我覺得像瑪丹娜那樣到六十歲還在做音樂真的很美,那才是真正的歌手。到死也想做音樂的人不就是歌手嗎?」或許 YG 的志願就在此,不斷發掘、培養到死也想做音樂的真正歌手。

歲，擁有無限成長的可能性。更何況她精通四國語言，考慮到國內歌謠市場漸漸萎縮，想必對日後擴展國際市場時將非常有幫助。」

所以梁玄錫非常確信2NE1會如BIGBANG一樣成為走過九個年頭、十個年頭的歌手。但是梁玄錫對2NE1的期待不僅只九年、十年，而是在那之上。

「我覺得像瑪丹娜那樣到六十歲還在做音樂真的很美，那才是真正的歌手。到死也想做音樂的人不就是歌手嗎？」

或許YG的志願就在此，不斷發掘、培養到死也想做音樂的真正歌手。我想BIGBANG和2NE1就是那個起點。而且新鮮的是，並非以個人歌手而是以團體為單位來挑戰。因為全世界除了寥寥可數的幾個搖滾樂團之外，在哪裡都很難找到這樣的例子。倘若真的成功了，或許會為歌謠界的歷史寫下新頁也說不定。讓我們為YG的新挑戰加油，拭目以待。

YG Family

Interview ④

YG 創造本能的中樞
—— Teddy

從 1TYM 的 Teddy 到 YG 的 Teddy

幾年前，1月的某日，那時時鐘的秒針一過午夜十二點，梁玄錫便吹熄了某人準備的生日蛋糕上插著的八根蠟燭。這天，迎接四十四歲的他在吹熄蠟燭後，和身邊的YG員工拍了一張自我慶祝的紀念照。梁玄錫身旁站著一位笑著用手指比著V的男人，到底是誰呢？而且還是在梁玄錫生日當天兩人單獨在一起？他正是YG旗下的正統嘻哈團體1TYM的隊長兼主Rapper——Teddy。

曾集嘻哈歌迷的愛於一身的1TYM雖然最近處於空白期，但是要聽到Teddy的歌並不難，因為近幾年BIGBANG和2NE1等YG代表歌手的熱門歌曲大多有他經手過。梁玄錫在過去的訪問中曾數次不吝惜地稱讚他：「Teddy是YG的寶貝，也是我最喜歡的作曲家和製作人。」Teddy曾經專心於1TYM的活動，但為他打開作曲家兼製作人這條康莊大道的人，正是梁玄錫。

為了和YG的主要製作人兼本部長的Teddy見面，我來到了他位於合井洞YG公司大樓中的辦公室，這裡也是他的工作室和生活空間。雖然他現在當上了本部長，也年過三十五，但到現在他還是擁有1TYM當時白皙又精瘦的臉孔，所以剛見面時無法聯想他就是負責YG所有作品的本部長。但是在訪談的過程中，越是覺得他冷靜且慎重，不但能抓到訪談核心，用字遣詞也非常精練，似乎可以明白為什麼他能爬到現在的位置，和他所做的音樂為什麼能長期獲得大眾的喜愛。

現在就來見見成為本部長的Teddy，曾經他是代表YG的歌手，而現在則是施展點金術打造這些歌手的製作人，我們來和他聊聊他所創作的音樂，和他對生活的看法。

Teddy 獨門的熱門歌曲製造法

Q 一開始是以偶像歌手起步，現在則是YG的本部長，但你的本業究竟是什麼呢？

A 嗯……其實我不喜歡被叫本部長，也沒有人這樣叫我，還是叫我製作人好了。1TYM在2000年推出了第二張專輯，裡面收錄了一首歌叫做〈One Love〉，那是我寫的第一首歌。從那時候開始我就一直是製作人。一首歌除了作曲之外還會伴隨很多工作，像編曲、音效製作、錄音、雙重錄音、後製工程等，而負責這所有工作的人就是製作人。

Q 出道十四年，這段日子也製作了數也數不清的熱門歌曲，應該有「Teddy獨門的熱門歌曲製作法」吧？

A 今天寫的歌和明天寫的歌不同。舉例來說，今天有可能最先想到的是歌詞的主題，明天有可能是最先想到鼓的部分。每次完成曲子的方式都不同，每次都不一樣。所以這份工作的訣竅好像不是靠做的時間久就能掌握的。畫畫畫了十年的畫家五年前有一幅畫賣得很好，他還是能繼續畫一模一樣的畫，可是我不喜歡這樣。在做音樂的過程，偶爾也可知道大眾喜歡什麼樣的節奏速度、喜歡什麼樣的音效，但是從我開始寫歌之後，我就確信一定要避開大眾的這些喜好。這是我在二十幾歲的時候最大的煩惱。當然，我還是有我自己的方式，如果寫了一首歌讓我覺得這應該是大眾會喜歡的和弦，那麼我就會試著換換音效，或改變節奏的速度。如果上次女歌手唱了反應很好，那麼這次就換男歌手來唱吧。總之一定會有一項和大眾想的方向不一樣。但這也並非每次都奏效，因為這沒有絕

對正確的答案。如果我稍微自滿一點，覺得大家一定會喜歡，但反應卻是無情的「還好」。我也可以不管大眾，照我的想法來做，有時當我進行到了一半大家都沒反應，但堅持到底，大家就喜歡了。當然一定也有所謂的公式，可以偷點工，但我真的不知道那是什麼。我並沒有成立所謂的公式。在寫歌的那一刻，覺得大眾一定會喜歡，但很多時候和預期相反；所以反過來以滿足自我為主，當然還是有不如意的時候。

默默享受別人不知道的創作之苦

 平常的生活型態如何？

起床之後簡單吃個什麼就到錄音室來，大概晚上六點左右，接著就一直待到早上八點。但不是在這裡坐十二個小時做音樂，大部分的時間都是在和人交流。旁人看起來可能覺得這段時間我們是在聊天、在玩，但我卻從中獲得很多靈感。有時候只有我一個人，但平常會和玄錫或其他歌手聊個三小時。早上一回到家馬上倒頭就睡。像這樣日夜顛倒的生活已經七年了，不過下午三點起床後，生活中該做的大小事我還是會做。平常除了吃飯、睡覺、做音樂的時間，我還喜歡看電影或看書。如果遇到瓶頸（當作業效率降低，或沒有靈感）就會什麼都不做，連音樂也不聽，完全不想音樂這方面。有時候寫歌會覺得壓力很大，想法也會很病態地執著於一個方向。做音樂做得太久，連撞到桌子的聲音、車子的警笛聲聽起來都像一個音。只要在外面聽到什麼聲音就會苦思：「那是什麼音來著？」這是職業病。遇到這種時候，就乾脆什麼都不管，吃頓好吃的或看場電影。

Q 創作應該很痛苦，有什麼印象深刻的回憶嗎？

A 太多了。像BIGBANG的〈Fantastic Baby〉就不是自然而然寫出來的歌。當時我和G-Dragon剛完成〈Blue〉，專輯製作也到了尾聲。可是玄錫聽完歌之後說：「不夠。需要一個狠角色。」可是我覺得〈Blue〉和〈Bad Boy〉已經很好了，要如何寫出更好的歌來呢？當下覺得很為難。像這樣覺得壓力大的時候是絕對寫不出好歌來的，一般來說大概一天就能完成一首歌，至少也能做到歌詞的主題、副歌的概念、歌的第一節，即使之後的錄音、編曲等製作要花上一～二週的時間。但如果一首歌開始就無法在一天內有基本雛形，我就會乾脆放棄，可是〈Fantastic Baby〉卻花了三週的時間。雖然過程曲折，但成員們本來就很優秀，加上MV的效果也很好，才得以大紅。

Q 如果在創作時卡住了，該怎麼辦？

A 這時候我就會聽之前先做好的loops，loops指的就是一段沒有起承轉合的四句樂音。我會先錄好這些東西儲存，只要想到就會做起來放，做了大概數百個。聽聽以前做的，偶爾也會把兩個loops結合看看。平常在做loops的時候，今天聽覺得不怎麼樣，但一年之後再聽可能會覺得不錯，或是從中又獲得新的靈感，另外再做起來放。就算隨時都會整理，但做好的loops還是約有一百個左右。

在藝術和產業之間

Q 在做音樂時，會先考量到大眾性還是藝術性呢？

A 嗯……這是身為做音樂的人都會煩惱的事呢，畢竟我就身處於音樂和商業必須結合的圈子裡。兩邊我都會考量，但是站在我小時候身為一個歌迷的角度來看，我總是想記下聽音樂的時刻，希望更多人能聽到充滿匠人精神的音樂、更好的音樂。我也努力不忘這份初衷，但真的很難。我只要寫好一首歌，就會對那首歌產生執著。都是我的小孩，可是有的人卻說需要整鼻子、說這個比那個漂亮，這種時候就是我最難過的時候。打從我對音樂開竅的那刻起，我就愛上了瘋狂做音樂的時候，可是在那之後要想的還有大眾性，有時候還要改歌詞，這些過程都太辛苦了。從十五年前起就一直是如此，不過也無可奈何。如果討厭的話，就只能在家自己做音樂了。

Q 在做音樂時，有和歌手意見分歧的時候嗎？

A 怎麼會沒有呢？但我認為身為製作人就要克服這些摩擦，因為我所做出來的歌曲不只屬於我。舉例來說，我幫太陽寫歌，太陽是歌手不是嗎？但如果一開始就帶著不辜負無數粉絲的期待而寫歌，是絕對寫不出來的。因此就會和壓力打架。只要我還在音樂市場裡，我就得站在「我想做的」和「大眾想要的」之間。文化和藝術這個領域沒有正確答案。即使我只是隨便在紙上塗鴉，但如果有誰從中看見了宇宙，它就成了藝術不是嗎？雖然對某些人來說可能是產業垃圾。而誰來判斷這點？就是一般所說的大眾。搞笑的是，所以這是一場多數決定的原則嗎？越多人喜歡的就是藝術嗎？不是吧。但我喜歡這種無解。因為只要一

百個人裡面有一個人喜歡，就有它存在的意義。

Q 但是也很難不去聽大眾的評價不是嗎？

A 當然難啊。做音樂從來就沒有不辛苦過，這個我比誰都還清楚。我無法自己騙自己。我覺得一首歌裡面連一點風險也沒有，那麼就會無聊、也沒有意義了。與其讓大家覺得這是個完美的商品，不如在裡面加入一點扭曲的成分。每首歌所含的風險量都不同，但我一定會努力在裡面加入這些元素。從這點來看，玄錫真的很照顧我，讓我在這麼好的環境下做音樂。

讓 YG 的未來更值得期待的名字，Teddy

其實沒有一個名字能像Teddy，讓人清楚看到YG的過去和現在，還有未來。因為曾為專業嘻哈娛樂經紀的YG東山再起時，他是初期帶領YG復興的嘻哈團體成員之一，他經手無數YG後輩歌手的曲子，以後也會一直如此。

Teddy的歌可以讓人感受到「人情味」和「藝術家的氣息」。

「我無法在對對方一無所知的情況下寫歌，然後跟他說：『這首歌會紅、你唱唱、給我錢』。這種關係對我來說太辛苦了，我一定要跟歌手有所交流。」

如果了解他對做音樂的想法和哲學，就能知道為什麼他的歌會讓人感受到那些味道、那些氣息，而梁玄錫又為什麼這麼珍惜他，YG旗下的歌手為什麼這麼喜歡跟著他，還有為什麼他的歌總能受到大眾的歡呼。

因為他對音樂的想法和態度，讓人期待他日後的表現。

　　重要的是他並未安逸於現在所處的位置。當問到他是否有想一起合作的歌手，Teddy這麼回答：

　　「只要有機會，我想和這世界上任何一位音樂人合作看看。前提是我真的是一個對他有幫助的音樂人，我也想成為幫他事業加分的那個人。」

　　這樣看來，應該不止我一個人能感受到YG日後更明亮的未來吧？

YG 的 Family 精神

就像我們第一次使用「YG Family」這個詞一樣，我想讓大家意識到的是，強調 Family 精神的我就是這個公司的大家長。

在音樂節目和年末頒獎典禮上，有句話是藝人常說的：

「感謝經紀公司社長，和所有辛苦的工作人員。」

但只有YG不一樣，

「YG Family，謝謝你們。」

YG旗下的藝人使用「Family」，即「家人」這個字的情況比「公司」或「經紀公司」還多。若成為YG的一分子，彼此便會以家人相稱。YG Family一詞一開始是草創期和Jinusean、1TYM如家人般共體時艱所誕生的詞，也是有點歷史了。即使時間不斷流逝，YG的規模也日益擴展，旗下成員也愈來愈多，但用「YG Family」這個稱號將大家與YG繫在一起的傳統卻不變。這並非單純強調「比血脈相連的家人更堅固的關係」，或「共吃一鍋飯」，形容在同個屋簷下工作這樣俗套的慣用語，其中還有更深層的內涵。

首先，家人稱作「口子」（在韓語裡為食口）。

這不是什麼特別的詞彙，「口子」（食口）就是「一起吃飯的關係」。YG Family也包含一樣的意思，你我就是一起吃飯的關係。當然這裡所說的「飯」並非單純從嘴巴進去、平常吃的飯，還包含了當旗下藝人在工作時，為了讓本人能專心投入而予以所有情況的支援。也就是說，不僅衣、食、住，經濟問題、其他福利和精神支援等，把各方面的需求統整起來就是上面所說的「飯」。大家不用擔心「飯」在哪裡，還能一起分享，從這點就能看出YG的卓越之處。若梁玄錫從未經歷過窮苦潦倒的舞群生活，並走到演藝圈超級明星的地位，這種事絕不可能發生。這也是因為在YG草創期最辛苦的時候，梁民錫的加入後，為了讓其他成員不忘當初那份單純的熱情和初衷，而將「Family文化」滲透到YG現在的組織文化裡，也是YG能夠持續發展至今的重要功臣。

接著，我們來看走向家人關係的過程。

一般來說企業以一年為單位來結算，所以在那一年內有沒有賺錢就成了重要的評價基準。學校的評價基準比較短，為一學期。依據學期中考試的結果來評成績、排名。但是家人不會如此。畢竟是要走一輩子的人，不會因為他一時的風光或落魄而評價他或處罰他。當然，如果做錯了事，也會指責、訓誡。但這不是評價，只是站在愛之深責之切的教育立場。家人的任務就是守護他、幫助他、為他加油，直到他有一天能充分發揮自己的才能和潛力。YG也是如此。梁玄錫總是帶著耐心和長遠的眼光等待，比起站在公司的立場，總是先考慮、照顧到旗下藝人的立場。前面在WINNER部分也有提到，梁玄錫說：「比起公司的成功，WINNER成員的人生更重要。」如果不是把每一位旗下藝人都當成家人看待，是不可能會有這種想法的。

15th Anniv. YG

AMILY CONCERT

最後，當家人有難時，反而更見其光輝。

　　一般來說一個企業或一般的社會組織中，當成員中有人出了問題，通常都會先選擇透過懲罰或除名，將其排除在組織以外，以保護剩下來的成員。但家人並非如此。雖然成員中有人因為一時的失誤而犯下了錯，就算因此造成了一些損失，但家人會選擇支持他一起面對。YG也是如此。隨著公司的擴大，組織成員也愈來愈多，難免會發生或大或小的問題，當發生問題時，梁玄錫總會選擇第一時間跳出來道歉、表示自省，擁抱當事人、陪他一起克服傷痛，而非驅逐當事人，盡可能維護公司形象。這樣的梁玄錫看起來就像帶領著大家族的家長，而非一個巨型娛樂經紀企業的老闆。

　　就算像家人一樣相處，也還是會累積一些大大小小的誤會和不滿，這就像真的家人一樣，因為什麼事都選擇理解和信任，有時候反而傷到彼此是一樣的道理。因此，梁玄錫更加用心，一開始是自己使用了「Family」一詞，他也從中感受到了責任感，並為此而努力。

　　「哪有一家公司和員工沒有摩擦？但努力把摩擦降到最低，這就是YG的作風。就像我們第一次使用『YG Family』這個詞一樣，我想讓大家意識到的是，強調Family精神的我就是這個公司的大家長。其實我是公司和藝人之間的橋梁，擔任消除摩擦和解開誤會的角色。當然，我絕對是站在藝人的角度，把他們的立場傳達給公司，提出讓雙方雙贏的方法並解決問題。」

　　因此YG的「YG Family」一詞比「（株）YG娛樂經紀」更廣為人知。隸屬於這個公司的成員在這樣如大家庭般的氣氛中，比起員工、旗下藝人，更像是「夥伴」一般的存在，大家一起為YG的成功貢獻，一起共享成功帶來的成果和喜悅。也多虧於此，YG才能順利地屢創佳績至今。

同住一個屋簷下的
Family

> 我的夢想是為歌手和作曲家打造一個讓他們能舒服地創作、練習和專心於錄音的空間，而這個夢想實現了。

　　YG位於首爾合井洞的公司大樓一度在網路上成為熱烈討論的話題。一開始是起於2011年1月15日在〈KPOP STAR〉節目中朴軫永和寶兒對YG大樓的讚嘆，這天在選秀途中，寶兒先起了頭說：「YG大樓真的很棒，好想去。」朴軫永緊接著助興地說：「如果把JYP大樓擺在YG大樓前，看起來就像警衛室。」朴軫永也是國內數一數二的娛樂經紀公司JYP的社長兼歌手、舞者和演員，可以說是全能藝人，但是什麼原因讓他在人氣節目中露骨地對競爭者YG的公司大樓表示羨慕之情呢？

　　位於合井洞圓環往江邊北路路口方向的YG大樓，從外觀獨特的七層建築往楊花大橋方向眺望，可以看到美麗的風景。包含BIGBANG、2NE1在內，旗下頂尖明星林立的經紀公司出入口，基本上採用自動保系統徹底防護。停車場也和其他建築物的設計不同，外面的空間僅能停經紀公司用的六台保母車，其餘一般小客車皆停到地下室，這是考慮到

YG 大樓的偉大之處，並非外表的壯觀和氣派，而是裡面那
些留著汗的人。他們帶著非「旗下藝人」「所屬員工」而是
「Family」的想法，在設備一流的錄音室、最棒的練習室裡
每天每月地努力，YG 大樓就是他們實現夢想的空間，梁玄錫
所做的就是支援他們能夠盡情展現自己的潛能振翅高飛。

行程多的旗下藝人能夠進出方便所做的設計。

走進大樓內又是另外一個新世界。有三個具備尖端設備的錄音室，和六個為了專屬作曲家所另闢的錄音室。為了隔音通常牆壁必須做得夠厚，所以得另外貼上外部貼面，考慮到價格和施工上的便利，一般主要使用MDF（Medium Density Fiberboard），但YG用的是原木建材。因為和MDF一起使用的黏著劑會產生致癌物質的甲醛。此外這裡還加上了能夠排放氧氣的空氣清淨機。歌手和作曲家在錄音室熬夜熬個幾天乃家常便飯，這也算是對他們盡到最大的照顧。包含歌手和編舞老師在編排、練習舞台表演和舞蹈時所用的兩個大型練習室外，光是歌手們使用的練習室就有七個，一樣都具備完美的隔音設備和練舞室的地板，當然也全都是原木建材。

不只如此，五樓還有為了旗下藝人和員工所設置的語言課教室，旁邊還設有為了生活作息不規律和過度創作壓力的員工隨時都可以免費使用的健身中心。健身中心還常駐兩位專業教練，輔助YG Family的成員能夠有體系地跟著訓練課程健身。2NE1的老么旻智和身兼主持人與DJ的演員劉寅娜都是這裡的常客。

不只是藝人所使用的空間，YG各部門的員工辦公室也是用各種充滿設計感的辦公用品，打造出來的安樂空間。如大型經紀娛樂公司般，不只是音樂，連電影和管理部門也都專業地分工。為了專輯、MV、海報等的編輯和特效處理，除了專門的作業空間，更確保其專業的人力。每一層走道的角落和牆壁上都擺滿了各式各樣的動畫或公仔、非洲長頸鹿等裝飾品。全都是梁玄錫親自買回來或自己所珍惜的收藏品。站在屋頂上，可以看見漢江的全景在眼前展開；地下一樓則是社內餐廳，只要是YG Family的一員都可以使用。

YG大樓就是在徹底為旗下藝人和員工們設想下所建成的，讓所有活動的進行都像在自己的家一樣。這都是遵循了親自設計YG大樓的梁玄錫的執著。主修建築設計的梁玄錫不但親自畫建築平面圖，在施工的兩年期間就跟住在工地一樣，就連各種電氣開關的位置都親自決定，為大樓的興建付出了很多心血。

　　「我的夢想是為歌手和作曲家打造一個讓他們能舒服地創作、練習和專心於錄音的空間，而這個夢想實現了。我的努力就如同這個地方沒有一處不經過我的雙手一樣。我親自參與了整個空間的設計，希望大家從進行企劃到編舞、錄音等製作和訓練過程，包括吃飯等都能舒舒服服地在公司內完成。為了讓歌手能夠專心發揮創意，打造一個好環境就是YG大樓的第一目標。每當我看到他們在公司就像在家一樣舒適的樣子，一切也就值得了。」

　　現在在這棟讓梁玄錫美夢成真的大樓裡，有著充滿創意的人才和許許多多為了這些人才奉獻支援的工作人員。事實上，這棟大樓的偉大之處，並非外表的壯觀和氣派，而是裡面那些留著汗的人。他們帶著非「旗下藝人」「所屬員工」而是「Family」的想法，在設備一流的錄音室、最棒的練習室裡每天每月地努力，YG大樓就是他們實現夢想的空間，梁玄錫所做的就是支援他們能夠盡情展現自己的潛能振翅高飛。

我們到公司吃飯

為了打造一個讓 YG Family 都能方便吃飯的餐廳，還挖角了四位手藝了得的廚師。

2013年9月人氣綜藝節目MBC《無限挑戰》出現了非常有趣的一幕。那天播出的是一般歌手和《無限挑戰》成員分組進行歌謠祭準備，而HAHA和同一組的「張基河與臉孔們」成員突襲造訪YG大樓，並且到社內餐廳討飯吃。演出者全都對餐廳的舒適感和菜單的多元、菜餚的味道、每道菜所包含的誠心讚不絕口。甚至不管節目的播出份量或當下該進行什麼內容，只是專心地吃。

其實在這之前YG的社內餐廳就已經相當有名。YG旗下的許多藝人也都透過節目或訪問等炫耀過，YG的舞群或一般員工也透過SNS上傳了不少照片，照片裡盡是如清潭洞咖啡廳般的裝潢、裝滿讓人食指大動的食物餐盤，這些照片也都被廣為傳播，此外在許多到YG辦公的人口耳相傳之下，聲名遠播。《無限挑戰》播出的內容只不過是讓觀眾們親眼見證，YG餐廳有多名不虛傳。

位於地下一樓的社內餐廳是梁玄錫在蓋YG大樓時最花心思的地

方。他很了解藝人因為大眾的視線而不方便到一般餐館吃飯的生活模式，所以打造了這個無論何時都能提供像在家裡媽媽準備的菜餚、美味點心的空間，為此他還挖角了四位廚藝了得的廚師，並且隨時提供咖啡、飲料、玉米片、泡麵、水果。

「到了中國餐廳總是會煩惱要吃炒碼麵還是炸醬麵，冷麵也要選擇是乾拌的還是有湯的。加上藝人需要經常移動、工作到很晚，到一般餐館吃飯也不容易，要能按時吃飯真的不簡單。最棒的食物不就是家裡的飯嗎？為了打造一個讓YG Family都能方便吃飯的餐廳，我還挖角了四位手藝了得的大嬸來呢。」

因此YG社內餐廳並不像一般大企業的員工餐廳般，菜單和食譜都少得可憐。有四位手藝出色的餐廳大嬸像在照顧自己的小孩似的準備早餐、中餐、晚餐，甚至還有深夜食堂。

但這並非只有旗下的藝人能享用，只要是YG所屬的人，不管是誰，只要想吃就可以不花一毛錢吃到優質的飯菜。就連無法利用其他設施的練習生，也可以到公司大樓內吃飯。至少吃飯這項權限是開放給所有人的。只要在YG工作，任何人在社內餐廳都能平等地拿起碗筷。有很多成功的藝人曾說過「當練習生的時候常餓肚子」，看來不會在YG聽到。

因為挖角了手藝獲得肯定的廚師來料理，YG社內餐廳的味道和品質當然能獲得正面的評價。朴春曾在某廣播節目說過「絕不靠近社內餐廳」，因為自己正在減肥，餐廳的東西太好吃了，會阻礙自己的減肥之路。G-Dragon也說希望在YG社內餐廳招待劉在錫的父母[21]，大聲也曾在某節目中說社內餐廳的大嬸幫他帶的便當，一拿出來其他的來賓都讚不絕口。斯庫特·布勞恩（Scooter Braun）和小賈斯汀（Justin Bieber）

---

[21] 2013 年 10 月 26 日播出的 KBS2TV《演藝家中介》中，
G-Dragon 提到：「不久前在錫哥說很想帶父母來看看。」

不管是誰，只要想吃就可以不花一毛錢吃到優質的飯菜。就連無法利用其他設施的練習生，也可以到公司大樓內吃飯。至少吃飯這項權限是開放給所有人的。有很多成功的藝人曾說過「當練習生的時候常餓肚子」，看來不會在 YG 聽到。

等也在YG社內餐廳吃過飯，都對那味道豎起大拇指。演員車勝元也曾俏皮地說過「就是因為社內餐廳才加入YG的」。這樣看來不只是藝人，連粉絲們也不斷喊著想去一次YG的社內餐廳看看。

透過餐桌，梁玄錫可以說是毫無保留地傳達出對家人的愛。Dara曾在自己的推特上說：「就算忙著準備演唱會也要好好吃飯。Black J（2NE1的粉絲團）的大家都有好好吃飯嗎？午餐時間在熙來攘往的餐廳裡，排隊排好長。但是為了美味的一餐……」圖文並茂的貼文成了歌迷好一陣子的話題。為了和其他Family一起在社內餐廳吃同一鍋飯，就算是女團的美女明星也心甘情願排隊等待。YG的社內餐廳成為人人口碑載道的首爾名家，同時從這裡也可以感受到在同一個地方一起吃飯、累積感情的YG Family所流露的氣氛。

「一起吃飯的關係」蘊含在YG這個名字內，也是只有在YG才能看見的「家族精神」。

需要時，
我們彼此扶持

在 YG 大樓裡，練習生不管遇到誰都會開心地行禮，這樣一來，工作人員和員工才會對他們更有好感，專心地照顧這些小嫩草。YG Family 的凝聚力和信賴感就是從這麼簡單的地方做起——見到彼此要好好打招呼。

　　過去很多義大利南部的都市跟1940～50年代的韓國一樣，有許多三代以上同堂的大家庭。如果家裡很會唱歌、又有才能的孩子為了要成為Canzone（義大利的傳統大眾歌謠）歌手，決定到像米蘭這樣的大都市闖蕩，聽說整個家族都會支持他，讓他能順利發展。因為若這孩子成為了成功的民謠歌手，那麼要養活全家人也不是問題了。1960年代被譽為「拿破崙之聲」、當代最有人氣的民謠歌手塞爾吉奧・布魯尼（Sergio Bruni），就留下了傳說般的故事，他不僅用一張專輯養活了一家人，甚至是自己出生的整個村子。

　　但他們之所以如此誠心誠意地幫助家裡的歌手，是因為義大利南部

鄉下特有的「家族精神」（Spirito di famiglia）。義大利南部鄉下以家人之間緊密的連結關係聞名，他們認為讓家中的一員飛黃騰達，而盡棉薄之力是自己的責任。看著YG就像看到十幾年前的南義大利，發現「家族精神」還原原本本地存在於這個世界一樣。

國際巨星Psy在拍MV時，可以看到BIGBANG和2NE1等後輩都經常出現在MV中以示支持，有時候BIGBANG的MV裡也有Psy和2NE1，2NE1的MV裡也有BIGBANG和Psy。李遐怡也受邀到Psy的大型演唱會和G-Dragon的第一場世界巡迴表演，EPIK HIGH於2012年發行第七張正規專輯時，李遐怡和朴春也火力支援，WINNER在出道前也曾站在BIGBANG的日本巨蛋巡迴和2NE1的世界巡迴舞台上。在YG這些事都很自然，因為他們是互相幫助、扶持的一家人。

這個傳統是始於梁玄錫創立YG初期所樹立且奉為圭臬的「家族精神」。YG的練習生從進公司起就不斷聽著梁玄錫的訓話：「不管是對前輩還是後輩，都要九十度鞠躬問好。」因為彼此問好、禮遇彼此，不斷地交流，YG內所有的成員才能成為一家人，這就是他的哲學和信念。

「YG的歌手不管到哪裡都會好好行禮，不管是在電視台或是表演場地的候機室等，遇到前輩絕對是九十度鞠躬低頭問好，遇到後輩也會先謙虛地打招呼。因為還是練習生時就教他們貫徹這樣的禮儀，所以BIGBANG即使成為明星也一樣不失禮。在YG大樓裡，練習生不管遇到誰都會開心地行禮，這樣一來，工作人員和員工才會對他們更有好感，專心地照顧這些小嫩草。YG Family的凝聚力和信賴感就是從這麼簡單的地方做起——見到彼此要好好打招呼。在練習生時期就要好好地學習這些基本禮儀，等到他們成了明星才會不失人情味。」

外部的人羨慕地說「其他經紀公司絕對追不上YG Family的凝聚

力」，也印證了這樣教導下的效果。

　　YG Family的共同合作或彼此應援的相乘效果的確了不起。

　　「那時候不但要製作歌曲，而且還要站在BIGBANG的巨蛋巡迴、2NE1的世界巡迴舞台上，幾乎每週都要出國。而我也從國外的舞台上獲得了許多靈感，累積了許多不曾接觸過的經驗，成了我展現不同面貌的力量，也給了我各個方面的幫助。」

　　WINNER的李昇勳也說，在正式出道前，雖然一度因為延遲出道而感到難過，但是站在前輩們的舞台上累積經驗，讓他能寫出更好的曲子，累積打造更好的舞台經驗。當然，也能先讓國外的歌迷對他們留下印象。EPIK HIGH在第七張專輯時與李遐怡和朴春的合作，也讓他們得以拓展歌迷的領域。

　　如果仔細觀察YG旗下的歌手，會發現他們每個人都一樣有個性，音樂色彩也各自鮮明。因為YG的企劃方式就是力求與市面上歌手的不同之處，甚至旗下歌手之間也有著差異性，所以每個歌手給人的感覺都是最獨特的。但這樣各自與眾不同的音樂人同樣掛著YG的名牌，卻能夠團結在一起，參與彼此的專輯、站上彼此的舞台當嘉賓、或突然出現在彼此上的節目裡一起演出，像這樣彼此依靠、成為堅強的後盾，給人很不一樣的感覺。果然一家人還是要相親相愛、甜甜蜜蜜地相處才叫做家人啊。

　　但他們並非被侷限在YG Family這個框架內，在發展自己的作品上變得綁手綁腳，前面也提過，只要關於音樂，YG的態度是絕對開放的。因此他們也並不排斥與外界積極交流。舉Psy當作例子，在製作收錄〈江南Style〉的第六張專輯時，便邀請到了成始境和朴正炫跨刀合作，讓專輯的內容更加充實。G-Dragon在個人專輯《ONE OF A KIND》中也

與紫雨林的金倫我和Nell的金鐘萬合作，做出了超乎期待的名曲。適當地與外部積極交流，讓YG的音樂色彩更加自由奔放，也是讓YG Family不斷成長的戰略道具之一，而且這對他們在音樂色彩的塑造和發展上有絕對的幫助。

YG始於一個向別人租來的八坪大地下辦公室，而如今卻靠著如家人般堅韌的情分，在這幾年間蛻變成一家特級娛樂經紀公司。雖然當初草創期的成員有的人已經離開，但大多數核心成員從辛苦的練習生時期起，便在這裡扎下家的根，一起度過許多難關。就是因為這種精神還存在於所有人之間，因此他們至今仍能光明正大地喊著「我們是YG Family」。

從他們像家人般彼此扶持、一起分享喜怒哀樂的樣子，我們能感受到YG Family所隱藏的力量，日後，YG也將進一步成長為國際娛樂經紀集團。但，他們仍會以YG Family的名義，始終如一地以他們年輕且自由的感性，彼此扶持、依靠地走下去。

我們一起走得
更遠、更久

> 錢只是用來儲蓄的工具而已，不管是
> 一百億還是好幾兆，錢再多所感受到
> 的幸福卻都是一樣的。

　　2014年4月底，YG的梁玄錫發布了YG社內的捐款計畫「With」，
為世越號船難的犧牲者捐獻了五億元的消息。「With」是YG為了報答
粉絲的支持，自2009年開始的愛心公益活動，從梁玄錫到旗下藝人乃
至員工都積極參與。YG透過「With」活動，每年都會保留一部分的盈
利捐獻到有需要的地方，或藉由慈善寫真拍攝這類才能捐獻和義工活動
等方式持續做公益。2011年日本大地震時也是透過這個管道捐款的。
「With」活動不只YG Family可參加，只要是喜愛YG Family的粉絲，不
論是誰都可以參與，讓粉絲可以自然而然地體驗捐獻文化。

　　此外，自2013年起，YG也和延世大學附屬醫院（Severance
Hospital）一起進行幫助心臟病患者的「Dream Gift」活動，透過各種
捐款及公益活動不斷回饋社會。不只以愛心天使、公益王著名的Sean，
BIGBANG、2NE1、Psy等旗下藝人也都熱衷於捐款、做公益，樂童音樂

YG 公益專屬的 WITH 標誌

非洲有句諺語,「想走得快,就自己走;想走得久,就一起走。」徹底體現話中意涵和價值的人不正是梁玄錫和 YG Family 嗎?他們的家族精神正從公司一直滲透到整個社會之中。

家也將〈KPOP STAR〉的獎金全數捐出。

2013年3月，梁玄錫將身為大股東所分配到的現金利潤十億元全數捐獻給家境困難的兒童患者。平常對股市沒興趣的梁玄錫表示：「我會將所有的錢一毫不少地全數用在沒錢動手術的兒童病患身上。」這個舉動和光是股息就拿到了十億元的消息，透過財金新聞報導後一樣受到眾人矚目，但是他的態度卻很謙虛。

「從YG開始上市我就沒想過要靠賣股來賺錢，只是為了讓YG有足夠的能力在國際上和歐美、日本等巨大的公司競爭而已。從那時候起我們就決心將股市上的獲利用在做好事上，抱歉的是，這麼晚才有所頓悟。」

這並非客套話。人說酒後吐真言，事實上梁玄錫很常和朋友喝酒的時候這麼說。

「並不是因為我成材、優秀所以YG才發展得好，這都歸功於每一位成員的努力和粉絲們的支持才有可能。所以我下定決心為了回饋這份恩惠，一定要帶頭捐獻，但可惜日子過得如此忙碌，沒能儘早實踐。」

2014年以後梁玄錫開始正式實踐他這份心意。2014年5月，梁玄錫在迎來創社十八週年的同時，為了幫助處於困境的青少年和兒童，創立了「無住YG財團」，並大手筆捐出十億元。「無住」（在韓文中意為「不駐足」「沒有主人」的意思），從字面上的意思來解讀，梁玄錫平常也常說「不為錢駐足，錢是沒有主人的」。自己所賺的錢並非只為自己所有，必須用在必要的音樂投資上或回饋給迫切需要幫助的人。

「雖然說這種話聽起來可能有點猖狂，但是錢這種東西，就算是有錢人也不可能把自己賺的錢都花光了才死。錢只是用來儲蓄的工具而已，不管是一百億還是好幾兆，錢再多所感受到的幸福卻都是一樣的。

說真的，在不會餓肚子的情況下若有人問我為什麼要賺錢，我會回答我不是賺來花的，我只是暫時保管這些錢罷了。」

梁玄錫所說的不只是分享一個概念，也包含了投資做出好音樂，由此可以知道梁玄錫對錢的看法。

「無住YG財團」成立後，梁玄錫表示「很高興現在終於成立財團實踐對社會的奉獻」，宣誓日後將透過財團持續執行公益活動。這項計畫將會支援處於困境的青少年、單親青少年及兒童的獎助學金、醫療和復健費用。

可是梁玄錫和YG對這社會的關心和貢獻並不侷限於金錢方面，他所企劃和參與的〈KPOP STAR〉感覺也是對社會的另一種回饋。相同形式的無數選秀節目中，〈KPOP STAR〉的人氣是日益增加，尤其每次結束一週一集的播出，梁玄錫的評語總是會成為大家的話題。因為他的評審標準和結果總是讓人難以捉摸，有時候他的毒舌批評讓展現過人實力的參賽者眼淚都要掉下來了，有時候真的表現得不怎麼樣的參賽者，他卻寄予期望，鼓勵其繼續努力。

但仔細想想，似乎可以理解他為什麼要這樣講評。梁玄錫並非單純為了YG而參與〈KPOP STAR〉，身為國內數一數二的娛樂經紀公司首長兼製作人，他是活用自己所累積的經驗和能力來幫助參賽者成長。從這個角度所切入的原因更強烈。因此，有時候就算有損自己的形象，他也會做出冷酷的評價，只要有助於參賽者的成長和發展，他絕不吝惜給予批評指教。不只如此，雖然有些參賽者並未得獎或獲得矚目，但只要有心突顯自己的潛能，他也會將其納入YG練習生的行列，讓他們接受長期的養成計畫。

非洲有句諺語：

「想走得快，就自己走；想走得久，就一起走。」

這句話的意思是，如果想比別人快點獲得自己想要的，那就只要自己做得好就好；但若是想永久珍藏現在所擁有的，持續成長、發展，那就得適應其他人、一起生活。徹底體現話中意涵和價值的人不正是梁玄錫和YG Family嗎？他們的家族精神正從公司一直滲透到整個社會之中。

不只是賺錢，
更期許成為文化

> 我並不是想透過不動產賺個什麼，
> 但弘大成就了今天的我和YG，也是
> 孕育了許多獨立音樂和地下音樂的
> 新星，他們都是現今韓國歌謠界的養
> 分，而我的願望是幫助他們能夠繼續
> 在那裡揮汗做音樂。

週五晚上弘大的中心街道——年輕人的街——有一間店正大排長龍，讓人誤以為這是最近最夯的一間夜店。這些人排隊等入場的地方其實是「布車」，也就是布帳馬車。黃色的招牌用紅字寫著俗俗的店名「三岔口布車」，因為位在弘大起於羅德奧大街的三岔口尾端所取的名字，可以說是弘大的地標。只要提到這間店，大部分的人馬上就知道在什麼地方，所以也有不少人會以「三岔口布車」為基準說明位置，且驚人的是，這間店的老闆正是YG的首長梁玄錫。

雖然現在它位在一棟體面建築的一、二樓，但在這之前它就如店名一樣只是個破舊的路邊攤。那時即使冬天只能有塑膠布抵擋寒風，也仍然有許多客人排隊光顧。梁玄錫很早以前便託朋友經營的這間破舊攤

子，一直到了2012年末左右，才又在那裡蓋了一棟一、二樓的建築，重新裝潢後再開幕。在這首爾最昂貴的商圈之一——弘大——開的不是韓定食店，也不是烤肉店，更不是義大利餐廳或連鎖餐廳，而是任何人都能毫無負擔地入場的布帳馬車。甚至還位在流動人口多的弘大正門旁的新建物。到底是為什麼？對此YG的某位相關人士這麼說：

「可以看出梁玄錫對弘大前的街頭文化有特別的情感，他也經常向員工強調，之所以能成立YG，是因為自由的弘大文化所發展出來的獨立音樂。梁玄錫社長之所以認為三岔口布車必須得在那裡，也是為了讓弘大街頭來來往往的年輕人和外國觀光客能夠輕鬆且無負擔地享受。」

簡而言之，這樣的想法是由發展弘大文化的發想轉換而來。不知道是否切中這樣的風潮，三岔口布車在重新開張後，生意仍絡繹不絕。由梁玄錫社長親自設計的1990年代復古室內裝潢，挑高的天花板給人寬敞舒適的感覺，裸露的水泥建築外觀也以符合弘大前獨特的設計聞名。這裡也強調著布帳馬車所象徵的韓式庶民風格，成為許多探訪弘大的年輕人和外國人都能毫無負擔地來用餐的名勝。

更驚人的是，在耗時一年六個月的翻新工程後，以前的員工大部分都回流，並接待以前的老顧客。三岔口布車自開業以來就在廚房工作的大嬸和元老級員工都是梁玄錫親自照顧，因為他們也是YG Family的一員。因此這裡可以說是一個感受得到梁玄錫的義氣和情義的地方。

不只是三岔口布車，只要對弘大有些了解的人都知道，弘大各個地方都可以感受到梁玄錫的氣息。合井洞一帶有YG大樓和梁玄錫所住的家，弘大這帶也聚集了他個人投資或和人合資的建築物和生意，這是每次賺到一點錢就向銀行融資所進行的投資，現在他也正在收購YG大樓附近的建築，到底為什麼要這樣呢？對此，梁玄錫說：

「弘大那一帶就相當於我的音樂孕育地和故鄉。我現在偶爾晚上還是會獨自走在弘大的街上，感受那裡活躍的氣氛。我並不是想透過不動產賺錢，但弘大成就了今天的我和YG，也是孕育了許多獨立音樂和地下音樂的新星，他們都是現今韓國歌謠界的養分，而我的願望是幫助他們能夠繼續在那裡揮汗做音樂。所以我向銀行貸款，花了比市價還高的錢買下了弘大一帶的房子和地。算一算租金和銀行的利息，其實也剩沒多少錢。」

不知道內情的人可能會誤會他拿YG所賺的錢來投資不動產，但是絕非如此。如果讓善於理財的人來看，梁玄錫或許是經營娛樂經紀事業的鬼才，但是在炒房這塊絕對不是能手。他並非在弘大實現夢想，所以才投資不動產，而是「投資那個夢想」。

至於他想在弘大實現什麼夢想，這還是未知數。他只說，等到日後時機到了就會公開。只知道梁玄錫認為弘大是自己和YG的音樂故鄉，而他正為了和其他人一起在那片音樂故鄉實現更多東西而努力。這也是因為他將弘大文化納入了自己和YG的文化裡才有可能做的事。現在他正堅守自己的原則，而非貪圖眼前的利益，為了自己的夢想在弘大扎根。

藝人的幸福就是
公司的幸福

藝人若不賺錢公司也就完了,他們賺
得愈多公司也才能愈昌隆。

　　2014年9月,YG從世界名牌時尚產業酩悅‧軒尼詩─路易‧威登集
團(LVMH)旗下的私募基金L Capital Asia獲得了八千萬美金(約八百
二十七億韓元)的投資。這是韓國企業的首例。因為在這之前L Capital
Asia從未投資韓國企業。藉此,也有利於YG整合音樂、時尚和化妝品,
並創造新潮流。

　　梁玄錫的想法是將時尚和音樂一起發展,並於同月和三星第一毛織
聯手創立Natural 9,其時尚品牌「NONAGON」跟著上市。一個月後,
化妝品品牌「Moonshot」也上市了。這兩個品牌都巧妙地結合YG的色
彩,NONAGON的洗鍊感和多彩,Moonshot的強烈潮流感都讓人聯想
到YG的代表藝人。也因為話題的集中讓一切都發展順利,而在這種情勢
下,吸引到L Capital Asia的投資可以說是如虎添翼。且不僅如此,YG還
投資了模特兒經紀和全息攝影(Hologram)表演事業等,朝多方面發

展。究竟他將觸角延伸到各個領域的背景為何呢？我們來聽聽梁民錫怎麼說。

「雖然Psy、BIGBANG、2NE1等用音樂拓寬海外市場是個好訊號，但是光看國內時，音樂市場還是像以前一樣困難。考慮到製作或市場狀況、財務上，若YG只縮在音樂市場裡，究竟以後還會存在嗎？這是現在苦思的重點。以現實狀況來看，在製作方面投下的資金成本日漸高漲，若是只專攻狹隘的韓國市場，是很難賺到錢的。雖然YG的藝人在海外開巡迴演唱會都創下佳績，也不斷成長中，但是最後公司還是得發展能保障公司延續性的新規事業，但也不能隨便找個事業。我們已經有了全世界狂熱的品牌——YG，但要怎麼讓這個無形的資產得到更大的價值，同時如何進軍其他能獲利的產業，成了我們現在的課題。比起多元化經營，在尋找如何讓原本的事業更安定的過程中，卻得到了新的投資這個答案。雖然是新事業，但是我們正朝著和YG這個品牌有關、又能激發出相乘效果的領域推行中。」

YG的做法並非像章魚腳那樣伸向未知的領域，而是在自己也了解、有把握的領域擴張YG這個品牌，並期望兩者激發出相乘效果。

「不久前YG投資了模特兒經紀K Plus成為第一大股東，但並非以獲得K Plus的淨利和分紅為目的才投資，因為娛樂經紀和模特兒界在許多方面都有很深的連結，透過評估分析絕對能像兩人三腳那樣獲得爆發性的相乘效果。我們也在關注有哪些領域能引發這方面的相乘效果，也就是尋找讓YG這個品牌和內容都能更加引人追捧，且能活用這個品牌的事業。」

於是，時尚品牌、化妝品品牌雀屏中選，甚至還引進了投資等，以現在來說，是個好的開始。但是多元化經營的背景除了增加公司的收益

YG 多元化經營的背景除了增加公司的收益外，還有另一個
理由，也就是旗下藝人的收益。藝人的幸福優先於公司的幸
福，所以 YG 所考慮的是能夠幫助藝人的事業，從這裡也可
以看出 YG 把旗下藝人當成一家人的家族精神。

外，還有另一個理由，也就是旗下藝人的收益。讓我們繼續來看梁民錫的說法。

「我的信念之一是如果藝人沒錢，那麼公司也會沒錢。因為和窮藝人一起工作，公司也會沒有收入，不得不跟著貧窮，不是嗎？藝人要有所收入才能分享收益，若不賺錢公司也就完了，他們賺得愈多，公司才能愈昌隆。因此公司必須關注藝人在本業以外的相關事業上，所持續創造出來的附加利益，藝人也會因為自己的活動範圍變廣、活動量變高，獲得更多收入而感到開心不是嗎？這就是『藝人的幸福就是公司的幸福』所要做的課題。」

藝人的幸福優先於公司的幸福，所以YG所考慮的是能夠幫助藝人的事業，從這裡也可以看出YG把旗下藝人當成一家人的家族精神。YG旗下的藝人也都了解這一點，才能和公司繼續維持緊密的關係。

總之因為各種理由，YG的事業在不知不覺間發展成如此的規模，同時進行各種事業。那麼YG所期望的是什麼呢？關於這部分，讓我們聽聽梁玄錫怎麼說。

「現在我最關心的地方是中國。十幾年前Baby Vox進軍中國之後，雖然歌謠界有過多次嘗試，但當時我的判斷是『還太早了』。當時就算進軍中國，他們的經濟狀況也不如現在，反而日本市場在各方面都有利於國內歌手發展。但現在情勢反轉了，在經濟方面也一樣，韓國歌手現在一定要打進的第一個市場正是中國，因為我們的優勢是和中國生活於類似的文化圈。美國歌手因頭髮和眼睛的顏色不同、文化也有著天壤之別，要攻陷中國大眾有多困難啊？韓國的音樂混和了西方的文化和方式，是融合的音樂。如果以傳統的音樂來說，中國並不會輸給韓國。比起傳統音樂，混入中國人會喜歡的元素是優點。中國人雖然也喜歡西方

文化，但其實還未完全開放。我認為以後中國市場會門戶大開，所以有幾個祕密醞釀的計畫。我們已經進軍日本市場很久了，WINNER之後的歌手要在當地順利發展的條件也已經成熟，現在為了和中國搭起橋梁，有某項祕密計畫已經進行了很久。」

現在這祕密計畫似乎漸漸浮上水面。在第一毛織、L Capital Asia等的合作下，YG不只在音樂上，在時尚、化妝品領域也獲得了能達到雙贏局面的夥伴。雖然現在才剛起步，但對此所寄予的期望也很大。2014年路透社也透過訪問梁玄錫，下了以下評論：「2012年將Psy推向世界的韓國娛樂經紀公司YG和LVMH、三星等大企業攜手，將以KPOP STYLE征服中國的時尚及娛樂經紀市場。」看來日後我們都可以好好期待，YG和旗下藝人一起追求幸福的腳步，將擴展到哪裡。

YG 裡有
好幾十位梁君

> 如果說以前做一件事情用 100% 的力氣來做，現在我必須將 100% 切成十份，分配 10% 的力氣做十件事。

　　雖然經營是由弟弟梁民錫負責，但是YG實質的首長是梁玄錫，這是誰都無法否認的。現在他的職銜是「社長」，但他的稱號卻有好幾個。從「徐太志和小孩們」時就認識他的人，都用「梁君」這個暱稱來叫他，前面也已經提過，現在的YG娛樂經紀公司的名字也是從這個暱稱而來。還有連續讓Gummy、輝星、Bigmama和SE7EN等歌手接連成功，讓韓國的Hip-Hop成為主流的時期，也有人稱呼他為「梁社」，也就是「梁玄錫社長」的縮寫。

　　但梁玄錫本人在介紹自己的時候總是說他是YG的製作人、代表製作人。可以算是表達他自「徐太志和小孩們」隱退後，已不再是舞者、不再是歌手而專心於PD人生的決心。或許這也是用來表現現在的梁玄錫最好的形容詞了。但我們仍會記得他是「梁君」，因為總是迎接新挑戰的他還擁有年輕的心。

當然以生物學的年紀來說，梁玄錫已經進入收起四十歲這條繩子的時候，他的生活習慣和思考方式都和二、三十歲的時候迥然不同。首先他有了家庭。原本他總是一刻不離錄音室的工作，但他現在會抽個短暫的幾天時間到日本和美國旅行，這都是為了家人。只要一聊到女兒，臉上就會悄悄浮上微笑，從表情就能看出他絕對是個女兒控。第二，公司的規模變了。現在的YG和一開始只有梁玄錫、梁民錫和一位經紀人的MF經紀（或梁君經紀）不可同日而語，已經成長為國內數一數二的企業。光是在YG工作的員工就有幾百人，充滿美國常春藤名校畢業的人才。這讓梁玄錫某一瞬間領悟到，他已經無法再像以前那樣用日夜顛倒、埋首於歌曲和舞蹈的生活來帶領YG，所以他改變了自己的工作模式。

　　「其實應該從我開始改變，現在公司的規模已經非我一個人能做所有事了。從Jinusean開始，YG所有跟錄音有關的混音都得經過我的最後檢查。雖然所有的製作會在美國做好，但是最終還是由我來修正。所有歌手的作品都是如此，一直以來我也都是這樣守住YG的自尊心。為了做出不落後於世界的音樂，改了又改，不斷反覆地作業。BIGBANG的歌曲混音尤其困難，我還記得曾經做一首歌要花一個月的時間，為了做出想要的錄音效果，真的一整天、一整個月都在修歌。但現在已經到了我無法只對一件事埋頭苦幹的時候了，我得放下什麼都自己來的執念，必須得退一步做更多事。如果說以前做一件事情用100%的力氣來做，現在我必須將100%切成十份，分配10%的力氣做十件事。現在YG Family在快速地增加，這是為了照顧到每個人而必須做的改革。若是我全心全意照顧一個歌手，就會看不到其他歌手，所以我正努力改掉這點，我的身邊現在也有優秀的工作夥伴讓一切能順利進行。」

當然這並不容易，尤其對梁玄錫這樣一直以來所有事都做到100%的人來說，更是一門困難的作業。但是為了讓YG往前一步繼續成長，這是必要的過程。分配工作和權限也可能是培養另一個「梁君」的過程，當十件事各分配到10%的時候，那每個負責10%的人都必須在自己負責的範圍內做出最好的成果，讓每件事都能做到100%，那麼他就能成為「梁君」。帶領十位「梁君」的梁玄錫就能完成比以前更多的事，這樣一來YG就會產生更多梁君，成長、發展得更遠。

　　為此，梁玄錫把生活模式都改變了。年輕時，他總是睡到下午才起床，並熬夜工作到早上才睡覺。但是最近他把每天都當作星期一，早上很早就上班，工作到很晚才下班，轉變為晨型人。當然這不容易，雖然他喊著「這比戒菸還難」，但他目前仍忠實地堅持他的目標。多虧於此，包含YG員工在內的相關人士都接連走上苦難的道路，因為像一般經紀公司悠哉上下班的概念消失了。甚至有人說出了「幸福的結束是苦難的開始」。

　　但是YG正成長為全球企業，並沒有時間吐苦水，因為要做的事只會增加並不會減少。為了不斷鞭策自己，「就算有十個身體也不夠，只能專心再專心於工作」的梁玄錫，是否需要十位、二十位梁君呢？以他現在的做法來看，他絕對是在創造超過十位、二十位，甚至三十位、四十位梁君。

　　除了創造數十位梁君之外，梁玄錫也希望所有的YG Family都能以公司為傲。現在YG社內光是正職員工就有兩百八十位，其中還有不少團隊是外部支援（外包）。雖然和以往不同，不知道名字的員工愈來愈多，但梁玄錫仍希望能維持一開始的家族精神。

　　「Family是我把Jinusean、1TYM當作家人所衍生出來的詞。雖然

現在公司的人數成長到稱為Family有些太多了，但我還是希望能帶著這個精神走下去。不過與其逼著他們嘴上喊著Family，我更希望員工和旗下的藝人都能以YG為傲，這才是最重要的。所以一直以來我們都採取乾淨透明的經營模式，只走正確的道路，建立比別人更好的系統。現在我們正努力建立一個就算不堅持說出來、不見面、看不到，不用一一和每個人都累積情分，也能彼此信任的系統。」

也就是說以信任為基礎，累積深厚的情感。只要一講到自己身為YG的一分子，就能產生對彼此的信任、產生對公司的信任、產生能夠一起完成一件事的信任，而這樣的信任和驕傲或許能創造出更多的梁君、創造出更精采又獨特的YG文化。這樣一來，YG必定能在世界中心占有更大的角色，就像梁玄錫自己的目標一樣。

YG Family
Interview ⑤

為舞蹈和表演瘋狂的男子
——李在旭

打造 YG 風格的舞池

經常我們提到男子偶像團體的時候，總是會聯想到姣好的外表和「刀群舞」。所謂的刀群舞就是一絲不亂地跳著一樣動作的群舞。幾乎可以說從古至今沒有一組出道的男團是不跳刀群舞的。

BIGBANG剛出道的時候也一樣，但是不知道從什麼時候開始BIGBANG不再跳著一一定好的舞蹈，開始隨著興致，把舞台變成了一座舞池。他們在舞台上蹦蹦跳跳、興奮玩樂的模樣讓歌迷為之瘋狂，這種和舞台渾然天成的表演成了BIGBANG的註冊商標。能打造出這種舞池的人正是YG內容總部編舞室的李在旭理事。

李在旭是梁玄錫所創立的YG內唯一一位可以談論跳舞的人。BIGBANG能夠有別於其他男子團體，以每位成員各自鮮明的魅力在舞台上自由地「玩」，這樣的評價也是歸功於他跳脫「刀群舞」的概念，用自由的編舞來設計舞台。

更重要的是李在旭從YG的前身賢經紀開始，就是和梁玄錫、梁民錫兄弟一起共吃一鍋飯的YG Family的見證人。至今他仍清楚記得當時的賢經紀為了省一頓飯錢，舞群還得自己帶便當的時期。熬過了那段被稱作「舞群」的時期，現在的他正以總監的身分親自編舞。現在就和這位打造YG藝人充滿個性的編舞、使他們在舞台上更加發光發熱的李在旭，聊聊YG和YG的表演。

負責 YG 編舞的過去和現在的真正舞者

Q 從賢經紀時期你就一直和YG一起，可以說是YG的見證人。一開始是如何加入YG的呢？

A 賢經紀啊……有點彆扭說。當時的YG可以說是只要對跳舞有點興趣的人都想來的地方吧。因為懂跳舞的人都喜歡「徐太志和小孩們」的梁玄錫。正想著無論如何都一定要進去的時候，認識了當時身為「徐太志和小孩們」的舞群大哥，所以就抓緊了機會，在那之前可以說是連覺都不睡地練習。從國三開始就看著「徐太志和小孩們」、DEUX等歌手練習，也經常去夜店什麼的，也喜歡耍耍帥，穿耳洞、染髮之類的。

Q 在賢經紀過得如何？

A 那時候我們的隊伍名稱叫做High-tech，即使當時公司過得很辛苦，梁社長仍然為我們操了不少心。或許是因為社長本身也是舞者，所以也很了解我們的情況，總是細心且積極地打理我們的衣服、髮型或鞋子。這點好像和其他經紀公司有些不一樣。通常舞群在正式錄影的時候，仍會繼續穿著彩排時就已經沾了汗的衣服，這是稀鬆平常的事。但我們彩排和正式錄影的時候穿的衣服不但不同，也比一般新人歌手還要更常拍攝雜誌寫真。

Q 據我所知大部分的編舞團隊都是外駐的，但YG卻不太一樣？

A 沒錯。我們徹底屬於公司，當時我們的舞團有四個人屬於公司旗下，很辛苦。大哥們都是練爵士的，所以很看重舞蹈中劈腿的動作，因此還有很多人覺得辛苦就離開了。當時我們唯一可倚靠的人就是社長，他常和大哥們說：「明天要錄影，不要讓他們因為劈腿瘀青了。」所以我們總是在等社長這句話。但錄影過後我們會一起Monitoring，一位一位舞者來，而節目前一天如此和藹的社長，這時候卻比老虎還可怕，因為他真的看得很仔細，每次聽到「現在我們來看在旭吧」，都讓我緊張不已。

YG 也有青黃不接的時期？

Q 雖然不知道是不是真的，但是大名鼎鼎的YG舞群居然也有「連汽水也要偷偷喝」的困難時期？

A 現在想起來很有趣，但是不知道為什麼當時會覺得這麼難過。1TYM出道後我們到鄉下表演，大家一起吃飯，但卻因為當時活動經費不足，連汽水也無法讓我們喝，而且我還很狀況外地點了一杯，結果被經紀人狠狠地罵了一頓。當時1TYM的Teddy默默遞給我汽水，讓我很感動。雖然辛苦，不過卻印象深刻。畢竟那時候只要想到能在舞台上跳舞，就興奮得蹦蹦跳跳。在準備Jinusean出道時，Keep six的成績並不是很好，整個公司的氣氛都很敏感。而且Jinusean的出道曲〈Gasoline〉甚至還花了四個月的時間編舞，每天真的都要練好幾小時。

Q 最近KPOP偶像會有這麼大的練習量，就是從那時開始的嗎？

說真的，當時舞台所帶來的壓迫感，和為了擺脫這股壓力所做的努力和練習，並不是幾句話就可以交代清楚。因為以Jinusean來說，我們甚至還在出道錄影當天的早上八點改舞。就算過了十幾年，我到現在還是忘不了當初上舞台的滋味。可是不只是表演和練習，那時候公司還沒有一定的規模和體系，所以連洗車都是我們自己來，我和當時還是練習生的Teddy還輪流做飯。安排值日生、買鮪魚罐頭吃、輪流洗碗——我實在忘不了那時我和Teddy用那冷冰冰的水洗碗……最近我也常和Teddy聊起那時候的往事。

Q 所以聽說還有個揭竿起義的事，但三天得勢就投降？

A 說揭竿起義有點太壯烈了。Jinusean成功後，真的變得很忙。有時候一天跳舞的行程就有四個，而且通常一個行程就要唱五首歌，有一次我自己算算，居然一天站上了三十八首歌的舞台。當時綜藝節目結束後還要唱歌，甚至一天之內直升機、飛機、摩托車、汽艇，能坐的交通工具都坐了。Sean甚至還病倒過。當時八人座的麵包車塞了十四個人。然而有一天行程結束，我們六個舞者說「真的是累到忍不下去了」，於是同時逃跑。那天我們在SBS大樓的一角先放好我們的包包，行程一結束就一起逃跑了。撐了三天，後來BB Call來，社長說：「要是你們現在回來，我就不說什麼了。」真的是怕到大家又跑了回來，哈哈！

大雨過後，土壤會變得更堅硬

Q 可是聽說曾發生你和YG訣別的危機？

A 倒也沒有嚴重到訣別啦。我曾經遞過一次辭呈，應該是在1TYM結束第二張專輯活動的時候吧。有人來挖角我，那裡說可以讓我當隊長，所以有吸引到我。可是最後我還是因為懷念帥氣的舞台而回來，回來之後一開始就像受氣包一樣，而且很討厭那時候的社長，因為他都不給我機會。他本來就不喜歡叛徒，所以好一陣子都把我當透明人。當他再給我機會的時候，是要我去教當時還是小學生的永裴（太陽）和志龍（G-Dragon），他們都還是小孩，也需要人教，那時候就只有我比較閒而已。所以我就下定決心，一定要做出成果來。從早上兩點到隔天凌晨六點我就學習後，再抓著兩個孩子認真地教他們。還好我所教他們的舞，社長看著也很滿意的樣子，所以我也自然而然地開始編舞。因為咬牙撐了下來，我也產生了「走著瞧」的心態，當然最後也是因為社長肯定了我的能力，我才能回來。我之所以能夠編出好的舞來也都多虧了社長。沒有其他公司會給予我這樣的肯定了，因為我知道就算我欠罵，他還是希望我能變好。於是我一起編了BIGBANG的〈Lalala〉和SE7EN的〈Lalala〉，到那時候我才懂得享受編舞，也是我的轉振點。

Q 此外，有評價說BIGBANG的舞和現在在活動的男子團體有其不同之處，你本人認為BIGBANG的編舞有什麼特徵呢？

A 以前我曾想過讓舞者在舞台上進進出出，使歌手再更突出一點，在那之後這種風格的編舞就變得普遍了。BIGBANG也有很多成員各自在舞台上玩得很開心的編舞，這就是他們和別人最大的不同。我覺得一個人唱歌的時候，其他人為了配合他跳著一樣的舞真的很不怎麼樣。所以後來他們的舞就變成雖然看起來很像free style，卻都是經過巧妙安排的編舞。

Q YG編舞的過程為何？

A 用mail收到歌曲後，以前總是聽歌聽一整天，一邊構思舞蹈的架構。細細玩味歌詞，思考這部分需要女舞者進來、這裡換成男舞者等。先構思出一個大圖，再切成細部去調整。至於合唱或個唱則留到最後。經過修正再由舞者演練之後，要做到完美是需要花很多時間的。但最近並不這麼做，有時候甚至兩天就要編完。舉G-Dragon當例子，〈狂放〉〈Niliria〉〈Black〉〈你算哪根蔥〉〈COUP D'ETAT〉這些歌的舞台幾乎都是每隔一～二週就要推出，簡單來說就是每週都要換歌，大概星期二定下來是什麼歌，之後就要努力地在兩天內編好。至少在星期五前就要將編舞的方案提供給電視台，真的會瘋掉！好不容易節目結束，正認為度過一個難關而感到安心時，下週卻還有新的歌在等著。

Q YG尤以和外國藝人合作（collaboration）聞名，像這時候該怎麼進行？

A 外國舞者沒有刻板印象，我覺得這點很好，因為他們完全沒有韓國風格或是必須得要有亮點的觀念，所以反而能編出新鮮的畫面來。和他們一起合作是很好的機會，因為可以學到很多。以前會一直關注最近哪位舞者的編舞很好或正夯，然後先聯絡對方一起合作。但最近反過來了，反而是他們會先聯絡我們。因為KPOP的人氣本來就旺，所以和我們合作也可以上得了國際舞台，或在自己的履歷上增添影響力。像幫太陽的〈Ringa Linga〉編舞的派瑞絲・格貝爾（Parris Goebel）也屬於這個例子。聽說他在幫太陽編舞的同時，在亞洲得到廣大的人氣，之後也有很好的發展。因為BIGBANG的名氣，所以這次編舞的經歷也給了他很大的幫助吧。

夢想另一個世界

李在旭曾為Jinusean、1TYM、SE7EN、Gummy、BIGBANG、2NE1等YG旗下代表歌手的舞台舞者，可能他自己也不記得究竟站在舞台上多少次。之後，就以舞者和編舞者的身分並行，一直到2010年以太陽的〈Wedding Dress〉MV作為身為舞者的退休舞台，現在專職為編舞總監，負責YG的舞台呈現。

他的全盛時期，看過他跳的舞或看他以編舞者的身分所編的舞，大家都毫不猶豫地豎起大拇指說他是天生的舞者。但是就像他說「還是待在移動的麵包車時是最好的，因為至少還能睡個覺」，他到現在仍不分日夜地埋首於跳舞的世界，屬於努力型的天才。

當上國內最棒的娛樂經紀企業的編舞總監，究竟下一個目的地是哪裡呢？他說是「演出總監」。所謂「演出總監」就是負責企劃公演、掌管整個演出事務的總經理。簡單來說像電影導演或電視製作人的角色，也被喻為「舞台藝術之花」。以外國的情況來說，從編舞家成功變身為演出總監的人很多，但在韓國可以說是毫無前例。為此，李在旭做了很多影片、布景、特效等相關領域的研究，也常常跑許多表演現場，為了學習絕不懈怠。或許有一天我們會看到他變身為YG演唱會的演出總監也說不定，讓我們一起祈禱那天來臨吧。

Epilogue
打破傳統成功的方程式——
YG 的挑戰本能

　　現在韓國的歌謠界有三大經紀公司，李秀滿的SM、朴軫永的JYP、還有梁玄錫的YG。從2000年代以後十幾年來都維持三社鼎立的情況，直到現在2015年都仍穩定維持這個狀態。但可以察覺到三大經紀公司間的排序和公司規模卻發生了地殼變動般的變化。成功吸引LV集團投資的YG快速地進行事業多元化，超越娛樂經紀成為財界的新興勢力，獲得眾人矚目。YG會這樣急起直追的背景為何呢？

　　要了解YG成功的原因，我們得把握歌謠界三大經紀公司的特徵。YG、SM、JYP都是打造明星藝人並親自培訓的公司。雖然也有很多像Cube的洪勝成、Core Contents金光洙、DSP的李皓正、Yedang的故卞大潤社長等傳統經紀人出身所建立的大型經紀公司，但還是無法打破三大經紀公司這道高牆。反而隨著YG進入極速成長模式後，更與之拉開了差距。在演員經紀這塊還有裴勇俊的Keyeast、李炳憲的BH娛樂經紀等明星演員所成立的經紀公司嶄露頭角，但這也只是一部分。此外由經紀人出身所成立的鄭勳卓的SidusHQ、沈正云的Sim Entertainment、李振成的KINGKONG Entertainment等都是演員界的強勢。

　　歌謠界和演員界不同的是，公司自己培訓、經營藝人而嶄露頭角的原因，是因為內容密集型企業（Content-intensive enterprises）*的性格強烈。舉例來說，如果是創作歌手，他可以自己作曲、填詞、唱歌，可

以自己一個人表演；相較下，演員就需要劇本和導演。當然演員中也有身兼劇本作家或導演的人，但不過三～四分鐘的歌曲和這又是不同的規模了，這樣看來演員一個人能做的事的確不多。

讓我們把範圍集中到歌謠經紀公司吧。李秀滿和朴軫永都是歌手出身，可以作曲並製作，甚至一人能身兼三角。這也是他們能憑自己的能力和判斷來培植晚輩歌手，並經營得如此有聲有色的背景。相反地，經紀人出身的經紀公司老闆則要追著一流的作曲家收歌，就算挖角作曲家或公司內部栽培，等那些人都成了一流的作曲家後，不是自己獨立門戶，不然就是跳槽到競爭對手旗下。比起歌手或作曲家出身所成立的經紀公司，他們有著天生的不利。就像老闆就是主廚的餐廳和另外雇用主廚的餐廳一樣，前者的成功機率和代代相傳經營的機率都比後者來得高。但是經紀人出身的老闆思考方式比歌手出身的老闆還要有彈性，危機處理的反應也快，對於歌手在歌謠界活動的內情也更清楚。

YG的梁玄錫雖然也是歌手出身，但和SM、JYP不同的是，他擁有特殊的履歷。他從「徐太志和小孩們」時期起，就跟著參與編舞和時尚等各種企劃，同時累積製作人和經紀人的經驗。作曲是徐太志的工作，梁玄錫則和李朱諾以小孩們的名義站在徐太志的身後。雖然大眾只會記得他是天生的舞者，但其實中間另有內情。梁玄錫其實是塑造「徐太志和小孩們」的概念和形象，以及維持團隊合作的隱藏助手，在這方面有很大的功勞。他在這時期所培養出來的直覺和整合能力成了日後打造YG不敗神話的基石。雖然一路走來辛苦，但當時的試煉卻讓他同時擁有歌手出身和經紀人出身的老闆的優點。加上他天生的才能和努力不懈的奮鬥，讓梁玄錫從「梁君」歷經了「梁社」（梁社長），成為今日巨大的娛樂經紀集團YG的梁玄錫社長。

YG於1990年代中期推出了第一號歌手Keep Six，但嘗到了失敗的苦澀，在梁玄錫的回想中，這是唯一失敗的例子。雖然資本和經驗，還有資源（歌手）都極為不足，但他並未為此感到挫折。這都是因為他已經準備好Jinusean這張悲壯的王牌。其實梁玄錫從這時就可以看出，注重與大眾共鳴的Jinusean會比百分之百反映個人音樂喜好的Keep Six成功。也就是說以Keep Six作為練習，並從Jinusean身上回收成果，或許YG向來一絲不苟的風格就是由此所發展起來的。

　　YG繼Jinusean之後，依序成功打造了輝星、Bigmama、SE7EN等歌手，也穩固了個性強烈的中型經紀公司的地位。到這裡可說是YG的第一階段成長期，此時所準備的悲壯王牌正是BIGBANG。BIGBANG和市場上的偶像團體完全不同，屬於YG風格的嘻哈偶像，也獲得了空前的成功，但即使如此也還不能稱YG為巨型經紀公司，因為此時的周轉率還很低。

　　失敗率低，推出的歌手也就少，當時歌謠界對YG推出專輯的看法是「就像久旱逢甘霖」的感覺。當時的大型經紀公司的做法是，因為旗下有很多藝人，可以不斷地進出音源市場和節目，以高周轉率來補償失敗。但YG不一樣，它選擇了一槍斃命的狙擊手式。「YG不會推出連自己也認為不完美的內容」，這是梁玄錫的金科玉律，到現在所有的YG Family也都擁有這個共同概念。

　　在清一色芭比娃娃款性感又漂亮的少女所組成的女子團體市場，YG堅持讓四人四色的2NE1出道。雖然也有一些人嘲諷這是不是在仿製BIGBANG，但2NE1仍以實力派、個性派女子團體穩固了地位，重擊了漂亮才會成功的傳統女團方程式。

　　BIGBANG和2NE1兩組男女偶像團體的成功，終於為YG填滿了富裕與名聲的彈藥，他們開始迎來高周轉率的機會了。和梁玄錫長久以

來如親兄弟般的Psy一腳踩了進來；因為TAJINYO事件幾乎隱退的Tablo的EPIK HIGH也合流了。在挖角已經是歌手的人才時，YG也歷經了BIGBANG、2NE1帶來的第二階段成長期，同時也啟動了其特有挖掘人才的系統。無數有機會發展為WINNER和IKON、新人女團候補等的練習生，從這時起便在YG大樓內的某個練習室開始日夜不分地反覆訓練。

Psy的〈江南Style〉會爆紅絕非偶然，身為大韓民國B級情操代言人的Psy的〈江南Style〉舞台，用我們的話說就是邊唱歌邊搞笑，在2012年爬到公信榜第二名的位置，騎馬舞熱潮更是席捲全球，這都是YG在第二階段成長期時致力於全球化戰略的成果。YG並不汲汲營營地想上國內電視台的歌謠節目或綜藝節目，而是從很早開始便選擇透過YouTube等國際SNS的方式大範圍地宣傳自己。拍攝MV時以數億元為單位投資，並採取一張專輯三首主打三支MV的大膽行銷手法，也是因為把重心擺在全球SNS攻略上的原因。

加上YG自家的生存選秀成了凌駕於各無線電視台節目的超大型活動。一介經紀公司的選秀節目，人氣居然高到其收視率與各電視台深夜主力節目媲美，由此甚至可以料到此後娛樂經紀界權力模式的變化。

若說2014年是「YG之年」也不為過，該年直至秋天為止，YG旗下的歌手所推出的七次音源（專輯）皆勢如破竹地攻占線上音樂榜的第一，不論新人歌手或前輩歌手，YG都創下連續達陣的紀錄，這樣的成績即使綜觀世界大眾音樂界也很難找到類似的例子。當初歌謠界嘲笑其為周轉率低的經紀公司，如今卻轉變為「無處可躲YG」的抱怨。2013年YG當然也盤踞榜上第一的位置，但除了名次沖天外，幾乎是所有歌曲在榜上排排站，這些大量的珍貴紀錄讓人更害怕了。

首當其衝的是2NE1的回歸，果然不出所料，不但颳起通殺所有音

樂榜的狂風，也宣告其回歸成功。接著新人樂童音樂家、太陽的Solo、男團WINNER，接著又是樂童音樂家的數位單曲、怪物新人李遐怡和樂童音樂家李秀賢的雙人組合HI SUHYUN，還有GDX太陽，全都依序重擊音樂榜。別說為求完美讓歌手周轉率低，接二連三的攻勢讓人聯想到以量取勝的車輪戰法。新人歌手和前輩歌手、完整團體和子團體、新組合所拼湊出的多采多姿的YG全景持續了一整年。

是向來謹慎的YG做法變了嗎？不，是因為過去十幾年來YG累積了無數特級作曲家、編舞家和製作人等優秀人才。在穩定的經營下，也累積了充裕的資金。以如此豐富的實彈為基礎，新人的出道和旗下歌手的回歸都能以YG的方式製作出完美的結果，並打造不敗神話的基礎。

以前總是梁玄錫獨自站在陣頭擊鼓指揮，現在YG這個巨大的組織，已經成為充分上好潤滑油的齒輪在運作。2014年YG獲得了百分之百的成功，獨創的音樂性和絕妙的陣容回歸時機戰略，都證明其擁有讓所有人刮目相看的能力。

YG打破歌謠經紀公司的框架，重生為綜合娛樂經紀集團也是在2014年的時候。從開始參與演員經紀到時尚、化妝品，甚至還收購了廣告製作及廣告代理企業。對此，梁民錫說明了收購的背景：「為了從音樂產業等領域進軍到更有組織性和體系的新興產業，於是決定收購PHOENIX HOLDINGS。計畫透過更有效率的新興事業，讓公司的音樂事業等與文化相關事業能發揮極致的相乘效果。」本書出版後，YG具攻擊性的M&A（併購）也仍會在水面下活躍地進行。

擺脫國內三大經紀公司這個頭銜，往世界舞台前進的YG，其動力是源自於源源不絕的挑戰本能，它總是不為當前的成功、現在的地位給牽絆，總是不斷尋求新的道路和其他挑戰，這就是YG的方式、YG的習

性。只要享受挑戰、大膽瘋狂的本能還在，YG就不會在追求夢想這條路上停下。

---

* 指一間公司所要包攬的內容眾多。歌手經紀公司可能要培訓一個歌手，還要包裝、製作、企劃，而一張專輯又不單只是一首歌。但演員經紀公司可能就是簽到一名演員，可能會有培訓，但大部分都仰賴外部的資源，如劇本、導演、其他演員來完成一部電視劇或作品，而這些都非一個公司所能匯集的資源，也就是說非一條龍產業。

15th Anniv. YG

AMILY CONCERT

國家圖書館出版品預行編目資料

YG 就是不一樣 / 孫南源著；曾晏詩譯 . ──初版
──臺北市：大田，民 105.01
面；公分 . ──（Creative；084）

ISBN 978-986-179-428-0（平裝）

494.1   104022710

Creative 084

YG 就是不一樣

孫南源◎著
曾晏詩◎譯

出版者：大田出版有限公司
台北市 10445 中山北路二段 26 巷 2 號 2 樓
E-mail：titan3@ms22.hinet.net　http：//www.titan3.com.tw
編輯部專線：（02）2562-1383　傳真：（02）2581-8761
【如果您對本書或本出版公司有任何意見，歡迎來電】
法律顧問：陳思成

總編輯：莊培園
副總編輯：蔡鳳儀　執行編輯：陳顗如
行銷企劃：張家綺
校對：黃薇霓 / 金文蕙 / 曾晏詩
美術視覺：賴維明
印刷：上好印刷股份有限公司（04）23150280
初版：二〇一六年（民 105）一月一日　定價：380 元
二刷：二〇一六年（民 105）三月一日
國際書碼：978-986-179-428-0　CIP：494.1/104022710